LED 显示屏技术

夏 威 主编

U0335200

吉林科学技术出版社

图书在版编目（CIP）数据

LED 显示屏技术 / 夏威主编. -- 长春：吉林科学技术出版社，2023.6

ISBN 978-7-5744-0607-0

Ⅰ．①L… Ⅱ．①夏… Ⅲ．①LED 显示器 Ⅳ．①TN141

中国国家版本馆 CIP 数据核字（2023）第 130194 号

LED 显示屏技术

主　　编	夏　威
出 版 人	宛　霞
责任编辑	李万良
封面设计	树人教育
制　　版	树人教育
幅面尺寸	185mm×260mm
开　　本	16
字　　数	290 千字
印　　张	13.25
印　　数	1−1500 册
版　　次	2023年6月第1版
印　　次	2024年2月第1次印刷

出　　版　吉林科学技术出版社
发　　行　吉林科学技术出版社
地　　址　长春市福祉大路5788号
邮　　编　130118
发行部电话/传真　0431-81629529 81629530 81629531
　　　　　　　　　　81629532 81629533 81629534
储运部电话　0431-86059116
编辑部电话　0431-81629518
印　　刷　三河市嵩川印刷有限公司

书　　号　ISBN 978-7-5744-0607-0
定　　价　80.00元

前　言

　　LED 显示屏是一种新型的信息显示媒体，它是利用发光二极管点阵模块或像素单元组成的平面式显示屏幕。LED 显示屏分为图文显示屏和视频显示屏，均由 LED 矩阵块组成。图文显示屏可与计算机同步显示汉字、英文文本和图形；视频显示屏使用微型计算机进行控制，图文、图像并茂，以实时、同步、清晰的信息传播方式播放各种信息，还可显示二维、三维动画、录像、电视、VCD 节目以及现场实况。LED 显示屏显示画面色彩鲜艳，立体感强，静如油画，动如电影，广泛应用于车站、码头、机场、商场、医院、宾馆、银行、证券市场、建筑市场、拍卖行、工业企业管理等公共场所。

　　本书为光电技术应用专业的学生、LED 显示屏相关从业人员或 LED 显示屏技术爱好者系统地讲解了 LED 显示器件基础知识、LED 显示屏电源电路、LED 驱动电路及扫描控制原理、LED 显示屏相关技术参数及测试方法、LED 显示屏相关辅助设计、LED 单色显示屏技术、LED 彩色显示屏相关技术和 LED 显示屏维护保养知识。该书集 LED 显示屏相关原理知识、安装调试技术、故障实例、使用维护维修方法等于一体，使读者能全方位地掌握 LED 显示屏使用知识，并能应用于工作实际之中。

　　本书在写作过程中无论从资料搜集还是技术信息交流上，都得到了惠州市聚飞光电科技有限公司、*****有限公司的大力支持，在此表示衷心的感谢。

　　由于时间仓促，水平有限，错误之处在所难免，敬请广大读者批评指正。

目　录

第一章　LED 显示器件基础

发光二极管，简称为 LED（Light Emitting Diode），是一种常用的发光器件，通过电子与空穴复合释放能量发光。发光二极管可高效地将电能转化为光能，能发出的光已遍及可见光、红外线及紫外线。发光二极管最初用在指示灯、显示板上，随着技术的不断进步，已被广泛应用于显示器和照明。

§1—1　LED 的发展

学习目标

1. 了解 LED 的发展史。

2. 掌握 LED 及 LED 光源的特点。

3. 掌握发光二极管的分类方法。

4. 掌握发光二极管的封装形式。

5. 理解 LED 光源的应用。

发光二极管的核心部分是由 P 型半导体和 N 型半导体组成的晶片，在 P 型半导体和 N 型半导体之间有一个过渡层，称为 PN 结。在某些半导体材料的 PN 结中，注入的少数载流子与多数载流子复合时会把多余的能量以光的形式释放出来，从而把电能直接转换为光能。PN 结加反向电压，少数载流子难以注入，故不发光。当它处于正向工作状态时（即两端加上正向电压），电流从 LED 阳极流向阴极，半导体晶体就发出从紫外到红外不同颜色的光线，光的强弱与电流有关。

一、LED 发展史

1907 年亨利·约瑟夫（Henry Joseph Round）第一次在碳化硅（SiC）里观察到电致发光现象。由于其发出的黄光太暗，不适合实际应用，而且碳化硅与电致发光不能很好地适应，研究被摒弃了。

二十年代晚期，伯恩哈德·古登（BernhardGudden）和罗伯特·理查德（Robert Wichard）从锌硫化物与铜中提炼的黄磷发光，因发光暗淡而停止研究。

1936 年，德斯提奥（GeorgeDestiau）出版了一个关于硫化锌粉末发射光的报告。随

着电流的应用和广泛的认识，最终出现了"电致发光"（electroluminescent，又称电场发光，简称EL）这个专业术语。

二十世纪50年代，英国科学家在电致发光的实验中，采用半导体砷化镓材料，发明了第一个具有现代意义的LED，并于60年代面世。早期的试验中，LED需要放置在液化氮里。第一个商用LED仅仅只能发出不可视的红外光，但迅速应用于感应与光电领域。

图 1-1 早期的 LED

60年代末，在砷化镓基体上，使用磷化物发明了第一个可见的红光LED。磷化镓的改变使得LED更高效、发出的红光更亮，甚至产生出橙色的光。

70年代中期，磷化镓（GaP）被用作为发光光源，出现灰白绿光的LED。LED采用双层磷化镓芯片（一个是红色另一个是绿色）能够发出黄色光。同期的俄国科学家利用金刚砂发明出发出黄光的LED，尽管它不如欧洲的LED高效。但在70年代末，它能发出纯绿色的光。80年代早期到中期对砷化镓、磷化铝的使用，使得第一代高亮度的LED诞生，可以发出红光、黄光和绿光。

20世纪90年代早期，采用磷化镓铝铟（AlGaInP）生产出了橘红、橙、黄和绿光的LED。第一个有历史意义的蓝光LED也出现在90年代早期，再一次利用金刚砂是早期的半导体光源的障碍物。依照当今的技术标准去衡量，它与俄国以前的黄光LED一样光源暗淡。

90年代中期，出现了超亮度的氮化镓LED，随即又制造出能产生高强度的绿光和蓝光铟氮镓Led。超亮度蓝光芯片是白光LED的核心，在这个发光芯片上抹上荧光磷，然后荧光磷通过吸收来自芯片上的蓝色光源再转化为白光。可以利用这种技术制造出任何可见颜色的光。

LED的发展经历了一个漫长而曲折的历史过程。事实上，目前开发的LED不仅能发射出纯紫外光，还能发射出真实的"黑色"紫外光。LED的发展包括颜色和亮度。LED的发光亮度遵守摩尔定律，每隔18个月它的亮度就会增加一倍。

二、LED 及 LED 光源的特点

发光二极管与普通二极管一样，由一个 PN 结组成，具有单向导电性。当给发光二极管加上正向电压后，从 P 区注入 N 区的空穴和由 N 区注入 P 区的电子，在 PN 结附近数微米内分别与 N 区的电子和 P 区的空穴复合，产生自发辐射的光。不同的半导体材料中电子和空穴所处的能量状态不同。当电子和空穴复合时释放出的能量多少不同，释放出的能量越多，则发出的光的波长越短。常用的是发红光、绿光或黄光的二极管。发光二极管的反向击穿电压大于 5 伏。它的正向伏安特性曲线很陡，使用时必须串联限流电阻以控制通过二极管的电流。

20 世纪 90 年代 LED 技术的长足进步，不仅使发光效率超过了白炽灯，光强达到了烛光级，颜色也从红色到蓝色覆盖了整个可见光谱范围。这种从指示灯水平到超过通用光源水平的技术革命导致各种新的应用，诸如汽车信号灯、交通信号灯、室外全色大型显示屏以及特殊的照明光源。

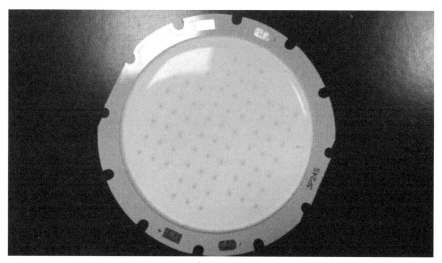

图 1-2 高光通量照明光源

随着发光二极管高亮度化和多色化的进展，应用领域也不断扩展。从较低光通量的指示灯到显示屏，再从室外显示屏到中等光通量功率信号灯和特殊照明的白光光源，最后发展到高光通量通用照明光源。

LED 光源即发光二极管光源。这种光源具有体积小、寿命长、效率高等优点，可连续使用 10 万个小时，主要的优点有以下几点：

1. 节能

LED 的发光原理与白炽灯和气体放电灯的发光原理不同，LED 光源的能量转化效率非常高，理论上可以达到白炽灯 10% 的能耗，LED 相比荧光灯也可以达到 50% 的节能效果。光效为 75lm/W 的 LED 较同等亮度的白炽灯耗电减少约 80%，节能效果显著，这对能源十分紧张的中国来说，无疑具有十分重要的意义。LED 还可以与太阳能电池结合起来应用，

节能又环保。

2. 寿命长

LED 光源不但环保节能，而且发光色域更宽，色彩饱和度更高，更为关键的是，LED 灯饰光源的使用寿命长，能彻底解决传统灯泡光源寿命短的问题。正常情况下使用 LED，其光衰减少到 70% 的标准寿命是 10 万小时，减少了更换频率和其他维护工作。

3. 光色纯正

由于典型的 LED 的光谱范围都比较窄，不像白炽灯那样拥有全光谱。因此，LED 可以随意进行多样化的搭配组合，特别适用于装饰等方面。色彩鲜艳饱和、纯正，无须滤光镜，可用红绿蓝三色元素调成各种不同的颜色，可实现多变、逐变、混光效果，显色效果极佳。可实现亮度连续可调，色彩纯度高，可实现色彩动态变换和数字化控制。

4. 防潮．抗震动

由于 LED 的外部多采用环氧树脂来保护，所以密封性能和抗冲击的性能都很好，不容易损坏。它可以应用于水下照明。

5. 外形尺寸灵活

可实现与建筑的有机融合，达到只见光不见灯的效果。

6. 环保

其本身不含有毒有害物质（如：汞），避免了荧光灯管破裂溢出汞的二次污染。无红外和紫外线辐射。与其他光源比较，LED 被称为"绿色光源"。

7. 多变幻

LED 光源可利用红、绿、蓝三基色原理，在计算机技术控制下使三种颜色具有 256 级灰度并任意混合，形成不同光色的组合，其发光颜色变化多端，实现丰富多彩的动态变化效果及各种图像。

8. 技术先进

与传统光源单调的发光效果相比，LED 光源是低压微电子产品。它成功融合了计算机技术、网络通信技术、图像处理技术、嵌入式控制技术等，是半导体光电器件"高新尖"技术，具有在线编程、无限升级、灵活多变的特点。

LED 光源低热量、小型化、响应时间短等，这些都使 LED 光源具有很大的优势。

三、发光二极管的分类

发光二极管是一种固态的半导体器件，可以直接把电转化为光。与普通二极管一样，由一个 PN 结组成，具有单向导电性。普通的发光二极管主要由镓（Ga）与砷（AS）、磷（P）的化合物制成，当电子与空穴复合时能辐射出可见光，在电路及仪器中作为指示灯，或者组成文字或数字显示。磷砷化镓二极管发红光，磷化镓二极管发绿光，碳化硅二极管发黄光。

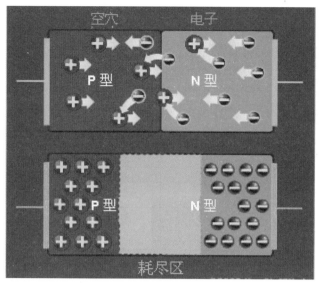

图 1-3 发光二极管工作原理

当二极管两端不加电压时，N 型材料中的电子会沿着层间的 PN 结运动，去填充 P 型材料中的空穴，并形成一个耗尽区。在耗尽区内，半导体材料回到它原来的绝缘态——即所有的空穴都被填充，因而耗尽区内既没有自由电子，也没有供电子移动的空间，电荷则不能流动。

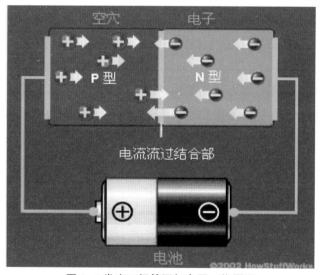

图 1-4 发光二极管不加电压工作原理

当给发光二极管加上正向电压后，从 P 区注入 N 区的空穴和由 N 区注入 P 区的电子，在 PN 结附近数微米内分别与 N 区的电子和 P 区的空穴复合，产生发辐射的荧光。不同的半导体材料中电子和空穴所处的能量状态不同。当电子和空穴复合时释放出的能量多少不同，释放出的能量越多，则发出的光的波长越短。常用的是发红光、绿光或黄光的二极管。

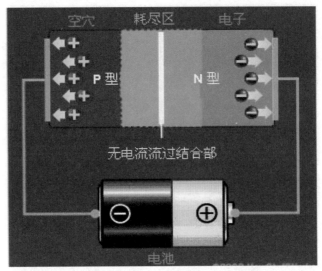

图 1-5 发光二极管正向加电压工作原理

当给发光二极管加上反向电压，试图让电流沿反方向流动，将 P 型端连接到电路负极、N 型端连接到正极的话，电流将不会流动。N 型材料中带负电的电子会被吸引到正极上；P 型材料中带正电的空穴则会被吸引到负极上。由于空穴与电子各自沿着错误的方向运动，PN 结将不会有电流通过，耗尽区也会扩大。

发光二极管有多种分类方法：

按其使用材料可分为磷化镓 (GaP) 发光二极管、磷砷化镓 (GaAsP) 发光二极管、砷化镓 (GaAs) 发光二极管、磷铟砷化镓 (GaAsInP) 发光二极管和砷铝化镓 (GaAlAs) 发光二极管等多种。

按其封装结构及封装形式除可分为金属封装、陶瓷封装、塑料封装、树脂封装和无引线表面封装外，还可分为加色散射封装（D）、无色散射封装（W）、有色透明封装（C）和无色透明封装（T）。

按其封装外形可分为圆形、方形、矩形、三角形和组合形等多种，图 1-6 为几种发光二极管的外形。

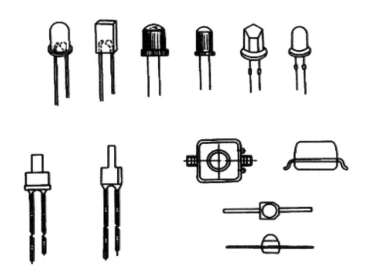

图1-6 发光二极管外形

塑封发光二极管按管体颜色又分为红色、琥珀色、黄色、橙色、浅蓝色、绿色、黑色、白色、透明无色等多种。而圆形发光二极管的外径从 φ2~φ20mm，分为多种规格。

按发光二极管的发光颜色又可分为有色光和红外光。有色光又分为红色光、黄色光、橙色光、绿色光等。

另外，发光二极管还可分为普通单色发光二极管、高亮度发光二极管、超高亮度发光二极管、变色发光二极管、闪烁发光二极管、电压控制型发光二极管、红外发光二极管和负阻发光二极管等。

1. 普通单色发光二极管

普通单色发光二极管具有体积小、工作电压低、工作电流小、发光均匀稳定、响应速度快、寿命长等优点，可用各种直流、交流、脉冲等电源驱动点亮。它属于电流控制型半导体器件，使用时需串接合适的限流电阻。

图1-7是普通发光二极管的应用电路。

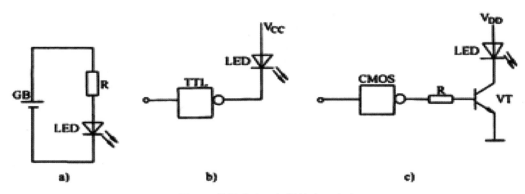

图1-7 普通发光二极管的应用电路

普通单色发光二极管的发光颜色与发光的波长有关，而发光的波长又取决于制造发光二极管所用的半导体材料。红色发光二极管的波长一般为650~700nm，琥珀色发光二极管的波长一般为630~650 nm，橙色发光二极管的波长一般为610~630 nm 左右，黄色发光二极管的波长一般为585 nm 左右，绿色发光二极管的波长一般为555~570 nm。

常用的国产普通单色发光二极管有BT（厂标型号）系列、FG（部标型号）系列和2EF 系列。

2. 变色发光二极管

变色发光二极管是能变换发光颜色的发光二极管。变色发光二极管发光颜色种类可分为双色发光二极管、三色发光二极管和多色（有红、蓝、绿、白四种颜色）发光二极管。

变色发光二极管按引脚数量可分为二端变色发光二极管、三端变色发光二极管、四端变色发光二极管和六端变色发光二极管。图 1-8 是三端变色发光二极管的外形和电路图形符号。

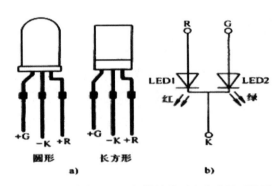

图 1-8 单端变色发光二极管的外形和电路图形符号

图 1-9 是六端变色发光二极管的外形和内部电路。

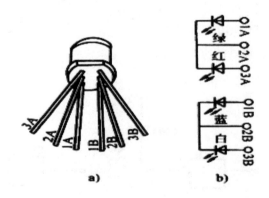

图 1-9 六端变色发光二极管的外形和内部电路

常用的双色发光二极管有 2EF 系列和 TB 系列，常用的三色发光二极管有 2EF302、2EF312、2EF322 等型号。

3. 闪烁发光二极管

闪烁发光二极管（BTS）是一种由 CMOS 集成电路和发光二极管组成的特殊发光器件，可用于报警指示及欠压、超压指示。其外形、内部结构图及内电路框图见图 1-10 和图 1-11。

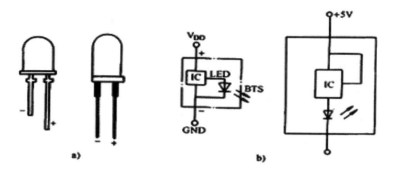

图 1-10 闪烁发光二极管的外形和内部电路

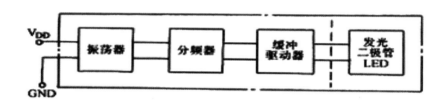

图 1-11 闪烁发光二极管内部电路框图

闪烁发光二极管在使用时，无须外接其他元件，只要在其引脚两端加上适当的直流工作电压（5V）即可闪烁发光。

4. 电压控制型发光二极管

普通发光二极管属于电流控制型器件，在使用时需串接适当阻值的限流电阻。电压控制型发光二极管（BTV）是将发光二极管和限流电阻集成制作为一体，使用时可直接连接在电源两端。

图 1-12 是电压控制型发光二极管的外形和内部结构图。

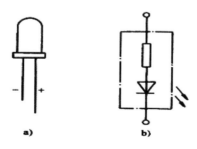

图 1-12 电压控制型发光二极管的外形和内部结构图

电压控制型发光二极管的发光颜色有红、黄、绿等，工作电压有 5V、9V、12V、

18V、19V、24V 共 6 种规格。

5.红外发光二极管

红外发光二极管也称红外线发射二极管，它是可以将电能直接转换成红外光（不可见光）并能辐射出去的发光器件，主要应用于各种光控及遥控发射电路中。其外形图见图1-13。

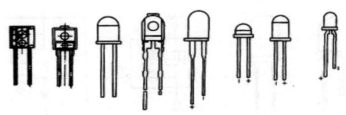

图 1-13 红外发光二极管的外形

红外发光二极管的结构、原理与普通发光二极管相近，只是使用的半导体材料不同。红外发光二极管通常使用砷化镓（GaAs）、砷铝化镓（GaAlAs）等材料，采用全透明或浅蓝色、黑色的树脂封装。

常用的红外发光二极管有 SIR 系列、SIM 系列、PLT 系列、GL 系列、HIR 系列和 HG 系列等。

6.高亮度单色发光二极管和超高亮度单色发光二极管

高亮度单色发光二极管和超高亮度单色发光二极管使用的半导体材料与普通单色发光二极管不同，所以发光的强度也不同。

通常，高亮度单色发光二极管使用砷铝化镓（GaAlAs）等材料，超高亮度单色发光二极管使用磷铟砷化镓（GaAsInP）等材料，而普通单色发光二极管使用磷化镓（GaP）或磷砷化镓（GaAsP）等材料。

四、发光二极管的封装形式

1998 年前，LED 封装结构比较单一，主要以小功率 LAMP 系列为主。2000 年以来，随着 SMD 系列产品的诞生，不断有新的 LED 封装结构出现。同时，LED 封装结构根据应用产品的需求而改变。

商业化 LAMP 系列产品始于 1976 年，盛行于 1995 年。随着 LAMP 系列白光、显示屏系列 LAMP 光源被批量生产后，LAMP 系列使用达到了顶峰。LAMP 系列代表性产品有：φ10、φ8、φ5、φ3、546 椭圆形、346 椭圆形、φ4.8 钢盔形、φ4.8 草帽、φ2 奶嘴形、φ1.8 小蝴蝶形、方形无帽沿、墓碑形。根据 LAMP 系列产品结构、发光角度、亮度、发光颜色等不同，早期 LAMP 系列主要应用于指示灯、圣诞灯，后来随着技术的提升，LAMP 系列产品逐渐被广泛应用于背光、景观亮化、道路交通指示、室内照明和户外显示屏。

2004 年以前，SMD 产品以 chip 系列为主，其主要代表产品为 0805、0603、1206、0605、0604、1210、0402 等，产品主要应用于背光、手机按键、指示、户内早期显示屏。2004 年后，SMD 系列产品中 TOP 系列产品逐渐占主导地位，部分应用领域均被 TOP 系列代替（2009 年后室内显示屏光源 0805 系列已经被 3528 取代），早期具有代表性的是 3528、5050，后续发展到 3020、3014、020、010、5630、5730 等，产品主要应用于灯饰 /灯带、户内显示屏、室内照明等。

2003 年，大功率封装在中国部分企业就已经开始研发，但直到 2005 年才陆续出现商业化生产，2007 年后，大功率封装被广泛推广，大部分 LED 封装企业逐渐引进生产设备。2010 年中国 LED 封装产业引来投资热潮的同时，大功率封装投资也进入顶峰时期。截至 2011 年年底，中国 LED 封装企业基本上能生产大功率封装产品。

大功率发展早期以 1W 为主，后来逐渐发展为 3W、2W、5W、7W，从无透镜到有透镜，从无基板到有基板，大功率封装结构发生质的变化。具有代表性的产品规格有：1W 无铝基板 /1W 加铝基板 /3W 无铝基板 /3W 加铝基板 /3W 条形大功率 /3W 模组大功率 /3W 7090 大功率 /3W 四脚大功率 /3W 四脚大功率 /3W 六脚大功率 /3W 六脚大功率 /5W 系列 /7W 系列。

大功率产品自发展以来主要以照明为主，截至 2012 年 5 月大功率产品应用领域有：户外功能性照明、景观照明 / 亮化、植物照明、建筑照明等需要高功率的场所。

因市场对灯珠亮度的需求不断提高，单颗大功率灯珠已经无法满足要求。为满足市场需求，应用厂商采用多颗 1W 灯珠提高亮度的方案，但此方案会造成成本过高、面积增大，不利于生产，因此另一种能提高亮度的封装形式 -- 集成 /COB 封装便应运而生，且逐渐被市场认可。

最初的商业化集成封装在 2007 被应用于建筑照明，但由于其散热技术较难突破，2007 ~ 2009 年期间集成封装整体发展较慢，2010 年后，由于在散热方面得到了妥善的解决，集成封装才逐渐正式被大众接受；COB 封装在 2008 年就开始生产，但直到 2009 年底，COB 封装的产品仍然无法达到相应的效果，且散热问题依旧无法解决，很多企业减缓研发和生产。2010 年下半年开始，COB 封装散热问题也得到了妥善的解决，高功率照明、球泡灯对 COB 需求逐渐升温，且随着封装工艺技术的不断提升，COB 封装成本低、光效高的优势逐渐显现，目前 COB 封装已被各大封装企业认可。

从 2005 年以来，中国市场上常见的 LED 封装结构超过了 100 多种。其中 LAMP 系列产品有多达 40 多种结构，SMD 系列达到 30 多种结构，功率型封装、集成封装、COB 集成封装系列约 30 多种结构。同时，各类结构产品数量占比每年均有所变化。

1.LED 封装方式的选择

LED 的 PN 结区发出的光子是非定向的，即向各个方向发射有相同的机率，因此并不是芯片产生的所有光都可以发射出来。能发射多少光，取决于半导体材料的质量、芯片结构、几何形状、封装内部材料与包装材料。

因此，对 LED 封装要根据 LED 芯片的大小、功率大小来选择合适的封装方式。

2. 小功率 LED 封装

常规小功率 LED 的封装形式主要有引脚式封装、平面式封装、表面贴装式 SMD LED、食人鱼 Piranha LED 和引脚式封装。

（1）引脚式封装

① 结构

LED 引脚式封装采用引线架作为各种封装外型的引脚，常见的是直径为 5mm 的圆柱型（简称 Φ5mm）封装。如图 1-14 所示。

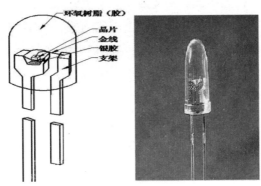

图 1-14 引脚式封装

② 引脚式封装过程（Φ5mm 引脚式封装）

a 将边长 0.25mm 的正方形管芯粘结或烧结在引线架上（一般称为支架）。

b 芯片的正极用金属丝键连接到另一引线架上。

c 负极用银浆粘结在支架反射杯内或用金丝和反射杯引脚相连。

d 然后顶部用环氧树脂包封，做成直径 5mm 的圆形外形。

反射杯的作用是收集管芯侧面、界面发出的光，向期望的方向角内发射。

③ 引脚式封装结构的特点

顶部包封的环氧树脂做成一定形状，有以下几种作用：

a 保护管芯等不受外界侵蚀。

b 采用不同的形状和材料性质（掺或不掺散色剂）起透镜或漫射透镜功能，控制光的发散角度。

（2）平面式封装

① 平面式封装原理

平面式封装 LED 器件是由多个 LED 芯片组合而成的结构型器件。通过 LED 的适当连接（包括串联和并联）和合适的光学结构，可构成发光显示器的发光段和发光点，然后由这些发光段和发光点组成各种发光显示器，如数码管、"米"字管、矩阵管等。

② 平面式封装结构图

平面式封装结构图，如图 1-15 所示。

一位数码管

二位数码管

三位数码管

四位数码管

五位数码管

图1-15　平面式封装结构

（3）表贴式封装

表面贴片LED（SMD）是一种新型的表面贴装式半导体发光器件，具有体积小、散射角大、发光均匀性好、可靠性高等优点。其发光颜色可以是白光在内的各种颜色，可以满足表面贴装结构的各种电子产品的需要，特别是手机、笔记本电脑。LED表贴式一款典型封装结构图，如图1-16所示。

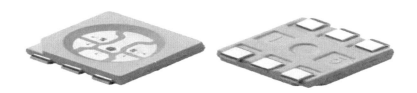

图1-16　SMD结构

（4）食人鱼式封装

① 食人鱼式封装结构

食人鱼式封装结构图，如图1-17所示。

图 1-17 食人鱼式封装结构

② 食人鱼式封装优点

为什么把这种 LED 称为食人鱼，因为它的形状很像亚马孙河中的食人鱼 Piranha。

食人鱼 LED 产品有很多优点，由于食人鱼 LED 所用的支架是铜制的，面积较大，因此传热和散热快。LED 点亮后，PN 结产生的热量很快就可以由支架的四个支脚导出到 PCB 的铜带上。食人鱼 LED 比 φ3mm、φ5mm 引脚式的管子传热快，从而可以延长器件的使用寿命。

一般情况下，食人鱼 LED 的热阻会比 φ3mm、φ5mm 管子的热阻小一半，所以很受用户的欢迎。

4. 功率型封装

功率型 LED 是未来半导体照明的核心，大功率 LED 有大的耗散功率、大的发热量以及较高的发光效率和长寿命。

大功率 LED 的封装不能简单地套用传统的小功率 LED 的封装，必须在封装结构设计、材料、选用设备、工艺等方面重新考虑，研究新的封装方法。目前功率型 LED 主要有以下 6 种封装形式：

（1）沿袭引脚式

LED 封装思路的大尺寸环氧树脂（或硅胶）封装，如图 1-18 所示。

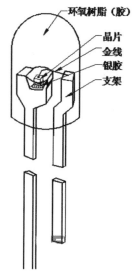

图 1-18　LAMP LED 结构

（2）仿食人鱼式环氧树脂（或硅胶）封装，如图 1-19 所示。

图 1-19　仿食人鱼结构

（3）铝基板（MCPCB）式封装，如图 1-20 所示。

图 1-20　铝基板式封装

(4) 借鉴大功率三极管思路的 TO 封装，如图 1-21 所示。

图 1-21 TO 封装

(5) 功率型 SMD 封装 如图 1-22 所示。

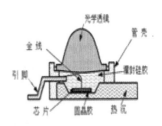

图 1-22 SMD 封装结构

(6) MCPCB 集成化封装，如图 1-23 所示。

图 1-23 集成化封装

五、LED 光源的应用

LED 光源具有体积小、寿命长、效率高等优点，可连续使用长达 10 万个小时，主要分为以下几种类型：

（1）环形光源：直接照射被测物上方。

（2）条型光源：有三种照射效果分别为直射、斜射及测光。

（3）线型光源：有聚光效果，高亮度可缩短摄影机曝光时间。

（4）回型光源：角度可调整以配合不同特性的待测物及工作距离。

（5）背光源：从待测物背面照射。

（6）外同轴反射光源：由侧向光源经由分光镜可将光线平行照射于待测物上。

（7）内同轴点状光源：需搭配同轴镜头使用。

（8）半球型垄罩光源：光源经扩散罩漫射可行成一个均匀照射区。

LED光源在可见光范围的应用主要包括显示屏、交通信号、汽车工业、LED背光源、情景照明、情调照明。LED光源在红外光区域的应用主要体现在红外成像、遥感、遥测以及光纤通信方面。

1.LED光源在可见光范围的应用

（1）显示屏、交通信号显示光源的应用 LED灯具有抗震耐冲击、光响应速度快、省电和寿命长等优点，广泛应用于各种室内、户外显示屏，分为全色、双色和单色显示屏。交通信号灯主要用超高亮度红、绿、黄色LED，因为采用LED信号灯既节能，可靠性又高。

（2）汽车工业上的应用 汽车用灯包含汽车内部的仪表板、音响指示灯、开关的背光源、阅读灯和外部的刹车灯、尾灯、侧灯以及头灯等。

图1-24 汽车光源

（3）LED背光源 以高效侧发光的背光源最为引人注目，LED作为LCD背光源应用，具有寿命长、发光效率高、无干扰和性价比高等特点，已广泛应用于电子手表、手机、电子计算器和刷卡机上，随着便携电子产品日趋小型化，LED背光源更具优势。因此背光源制作技术将向更薄型、低功耗和均匀一致方面发展。LED是手机关键器件。一部普通手机或小灵通约需使用10只LED器件，而一部彩屏和带有照相功能的手机则需要使用约2

只 LED 器件。

（4）情景照明：是以环境的需求来设计 LED 灯具。情景照明以场所为出发点，旨在营造一种漂亮、绚丽的光照环境。去烘托场景效果，使人感觉到场景氛围。

图 1-25 情景照明的不同效果

（5）情调照明：是以人的需求来设计 LED 灯具。情调照明是以人情感为出发点，从人的角度去创造一种意境般的光照环境。情调照明包含环保节能，健康，智能化，人性化四个方面。

2. LED 光源在红外光范围的应用

LED 光源在红外光区域的应用主要体现在红外成像、遥感、遥测以及光纤通信方面。在光纤通信系统中 LED 光源主要使用 3 个波长：850 nm、1 310 nm 和 1 550nm。其中 850nm 称为短波长，1310nm 和 1550nm 称为长波长。

光纤通信专用 LED 光源的特点是高亮度、高响应速度，寿命长，受温度影响较小，输出光功率与注入电流的线性关系好，价格也比较便宜。缺点是发射的不是激光，所以输出功率较小，发射角较大。与光纤耦合效率较低。因此 LED 光源只能作为中短距离、中小容量的光纤通信系统的理想光源。

§1—2　LED 显示屏基础知识

学习目标

1. 熟悉 LED 显示屏的分类和构成。

2. 熟悉 LED 显示屏技术参数。

3. 掌握 LED 显示屏常用术语。

4. 熟悉 LED 显示屏及其应用。

　　LED 显示屏（LED display）是一种平板显示器，主要由小型的 LED 模块面板组成，可以用来显示文字、图像、视频等各种信息。LED 显示屏集微电子技术、计算机技术、信息处理于一体，具有色彩鲜艳、动态范围广、亮度高、寿命长、工作稳定可靠等优点，已经广泛应用于商业传媒、文化演出市场、体育场馆、信息传播、新闻发布、证券交易等不同场所。

一、LED 显示屏的分类

　　LED 显示屏分类多种多样，一般可按照显示颜色、显示器件、使用环境、发光点直径、像素点间距等七类。

1. 按显示颜色分类

　　根据所采用的 LED 的颜色，可将 LED 显示屏分为单基色、双基色、三基色（全彩）三种。如图 1-26 所示。

（a）单基色　（b）双基色　（c）三基色

图 1-26 按显示颜色分类

　　单基色显示屏的每个像素点只有一种颜色，多数用红色，因为红色的发光效率较高，可以获得较高的亮度，也可以用绿色，还可以是混色，即一部分用红色，一部分用绿色，一部分用黄色等。

　　双基色显示屏的每个像素点有红绿两种基色，可以叠加出黄色。在有灰度控制的情况下，通过红绿不同灰度的变化，可以组合出多种灰度颜色。

　　三基色显示屏也称全彩色显示屏，每个像素点有红绿蓝三种基色，在有灰度控制的情况下，通过红绿蓝不同灰度的变化，可以很好地还原自然界的色彩，组合出上万种颜色。

2. 按显示器件分类

　　LED 显示屏按照显示器件可分为 LED 数码显示屏、LED 点阵显示屏和 LED 视频显示屏三种。如图 1-27 所示。

（a）LED 数码显示屏 （b）LED 点阵显示屏 （c）LED 视频显示屏
图 1-27 按显示显示器件分类

LED 数码显示屏的显示器件为 7 段码数码管，适于制作时钟屏、全彩 LED 显示屏 (14 张)、率屏等。

LED 点阵显示屏的显示器件是由许多均匀排列的发光二极管组成的点阵显示模块，适于播放文字、图像信息。

LED 视频显示屏屏幕像素与控制计算机监视器像素点呈一对一的映射关系，有 256 级灰度控制，所以其表现力极为丰富，配置多媒体卡，视屏还可以播放视频信号。视屏开放性好，对操作系统没有限制，软件也没有限制，能实时反映计算机监视器的显示。

3. 按使用环境分类

根据应用场所的不同，可将 LED 显示屏分为户内、户外及半户外三种。

户内屏在制作工艺上首先是把发光晶粒做成点阵模块，再由点阵模块拼接为一定尺寸的显示单元板，根据用户要求，以单元板为基本单元拼接成用户所需要的尺寸。户内屏面积一般从不到 1 平方米到十几平方米，点密度较高，在非阳光直射或灯光照明环境使用，观看距离在几米以外，屏体不具备密封防水能力。如图 1-28 所示。

图 1-28 LED 户内屏

LED 户外屏，是把发光晶粒封装成单个的发光二极管，称之为单灯，一般都采用具有聚光作用的反光杯来提高亮度；再由多只 LED 单灯封装成像素模组，而由像素模组组成点阵式的显示单元箱体，根据用户需要及显示应用场所，以一个显示单元箱体为基本单元组成所需要的尺寸。箱体在设计上需要密封，以达到防水防雾的目的，使之适应室外环境，一般正面采用灌胶的方式来密封。

LED 半户外屏介于户外及户内两者之间，具有较高的发光亮度，可在非阳光直射户外下使用，屏体有一定的密封，一般在屋檐下或橱窗内。如图 1-29 所示。

图 1-29 LED 半户外屏

4. 按发光点直径分类

按照发光点直径主要分为 Ø3.0 LED 显示屏、Ø3.75 LED 显示屏和 Ø5.0 LED 显示屏。

5. 按像素点间距分类

按照像素点间距主要分为以下类：

1）PH4 室内全彩 LED 显示屏；

2）PH5 室内全彩 LED 显示屏；

3）PH6 室内全彩 LED 显示屏；

4）PH7.62 室内全彩 LED 显示屏；

5）PH8 室内全彩 LED 显示屏；

6）PH10 室内全彩 LED 显示屏；

7）PH12 室内全彩 LED 显示屏；

8）PH16 室内全彩 LED 显示屏；

9）PH10 室外全彩 LED 显示屏；

10）PH12 室外全彩 LED 显示屏；

11）PH14 室外全彩 LED 显示屏；

12）PH16 室外全彩 LED 显示屏；

13）PH18 室外全彩 LED 显示屏；

14）PH20 室外全彩 LED 显示屏；

15）PH25 室外全彩 LED 显示屏；

16）PH31.25 室外全彩 LED 显示屏。

6. 按系列分类

按照系列可分为户外广告屏（Outdoor Advertising LED Display）、足球场屏（Football Stadium LED Display）、体育场馆屏（Sports Stadium LED Display）、舞台背景屏（Stage Background LED Display）、车载屏（Truck LED Display）、交通诱导屏（Traffic Guidance LED Display）、信息屏（Information LED Display）、门楣屏（Billboard LED Display）。如图 1-30 所示。

图 1-30 各类 LED 显示屏

7. 按外型分类

按照外形分类，可以分为窗帘屏（Curtain LED Display）、吊装屏（Hanging LED Display）、弧形屏（Curved LED Display）、楼梯屏（Stairway LED Display）、十字架屏（Cross LED Display）、柔性屏（Flexible LED Display）、喷绘屏（Painting LED Display）、地板屏（Floor LED Display）等，如图 1-31 所示。

图 1-31 各类外形 LED 显示屏

除了以上七大类，LED 显示屏按空间可分为天幕、常规幕、地砖幕、隧道幕、升降幕、3D 幕等。图 1-32 是 LED 地砖屏。

图 1-32 LED 天幕和地砖屏

按通讯方式可分为常规屏和无线屏；按灯珠分为插件式和表面贴装型（新型）显示屏；按安装方式可分为悬垂屏风、单柱屏风、双柱屏风、吊装屏风等。

按形状分为常规屏和异形屏。一般正方形或长方形的 LED 显示屏称为常规屏。此外，还有采用柔性 LED 模组组装而成的异形屏。这种异形屏可以做成圆形、长方形、弧形、罐头形、曲面、球形等，可以根据需要拼接成各种形状，例如在一些旅游景点看到的隧道屏，采用柔性 LED 拼接而成。

二、LED 显示屏的构成

LED 显示屏是由若干个可组合拼接的显示单元（单元显示板或单元显示箱体）构成屏体，再加上一套适当的控制器（主控板或控制系统）。所以多种规格的显示板（或单元箱体）配合不同控制技术的控制器就可以组成许多种 LED 显示屏，以满足不同环境和不同显示要求的需要。

1. LED 显示屏的主要构成包括以下内容：

（1）金属结构框架：其作用是构成内框架，搭载显示单元板或模组等各种电路板以及开关电源。

（2）显示单元：是 LED 显示屏的主体部分，由 LED 灯及驱动电路构成。户内屏就是各种规格的单元显示板，户外屏就是模组箱体。

（3）扫描控制板：该电路板的功能是数据缓冲，产生各种扫描信号以及占空比灰度控制信号。

（4）开关电源：将 220V 交流电变为各种直流电提供给各种电路。

（5）传输电缆：主控仪产生的显示数据及各种控制信号由双绞线电缆传输至屏体。

（6）主控制仪：将输入的 RGB 数字视频信号缓冲、灰度变换，重新组织，并产生各种控制信号。

（7）专用显示卡及多媒体卡：除具有电脑显示卡的基本功能外还同时输出数字 RGB 信号及行、场、消隐等信号给主控仪。多媒体除以上功能外还可将输入的模拟 Video 信号变为数字 RGB 信号（即视频采集）。

（8）电脑及其外设。

2. 显示屏的结构及安装方式

显示屏的结构大致可以分为 3 个层次，即单元板或者模组的机构、箱体的结构和框架及造型装饰结构。显示屏结构通常有两种方式，一种是单元板固定在框架的安装条上，另一种是单元板或者模组固定在箱体上，箱体固定在框架的安装立柱上。

显示屏的安装主要有立柱式、挂靠式、落地式、砼墩式、嵌入式、F 杆式、龙门架式、悬挂式等安装方式。如图 1-33 所示。

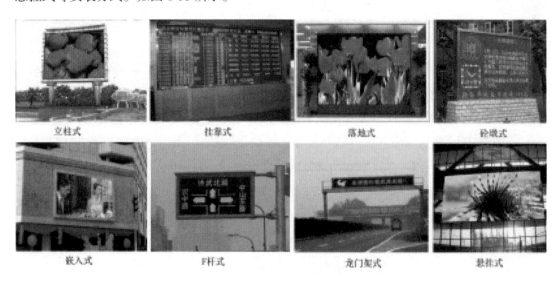

图 1-33 显示屏不同安装方式

立柱式显示屏框架结构由立柱支撑，立柱的底部与基础相连。常见的立柱结构又可以分为单立柱和双立柱两种。这种结构重量大，技术要求严格，常用于户外的广场上。

挂靠式显示屏框架结构的后背靠在墙体、建筑的梁或柱子上。框架焊接或者直接挂在建筑上的预埋件上。用在建筑的外表或者室内大厅的墙面上。

落地式显示屏立在地板上，显示屏框架的底部通过化学螺栓与地板下的混凝土层固定。这种结构的成本较低，多用在室内。

砼墩式显示屏落在砼墩上，框架与砼墩里的预埋件固定。砼墩的底部作为基础埋在地下。结构的成本相对较高。常用在户外小规模广场高度不大的显示屏上。

嵌入式显示屏嵌入在建筑里，框架结构的侧面与建筑里的预埋件固定。这种结构的成本较低，但对于建筑的设计提出了一定的要求。

F 杆式显示屏固定在 F 杆的两个横梁上。这种结构通常用在交通诱导的小型显示屏上。

龙门架式显示屏固定在龙门架的横梁上。这种结构通常用在横跨马路的交通诱导的条屏上。

悬挂式显示屏通常悬挂在建筑梁的下面。框架的顶部与梁上的预埋件固定。这种结构通常用在面积较小的室内屏上。

3. 显示屏的工作原理

LED 显示屏的基本工作原理是动态扫描。动态扫描又分为行扫描和列扫描两种方式，常用的方式是行扫描。行扫描方式又分为 8 行扫描和 16 行扫描两种。在行扫描工作方式下，每一片 LED 点阵片都有一组列驱动电路，列驱动电路中一定有一片锁存器或移位寄存器，用来锁存待显示内容的字模数据。在行扫描工作方式下，同一排 LED 点阵片的同名行控制引脚是并接在一条线上的，共 8 条线，最后连接在一个行驱动电路上；行驱动电路中也一定有一片锁存器或移位寄存器，用来锁存行扫描信号。图 1-34 是 8×8 点阵 LED 显示屏结构。

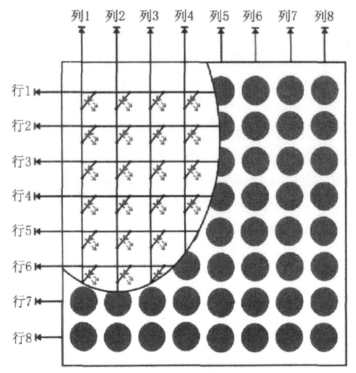

图 1-34 8×8 点阵 LED 显示屏结构

LED 显示屏的列驱动电路和行驱动电路一般都采用单片机进行控制，常用的单片机是 MCS51 系列。LED 显示屏显示的内容一般按字模的形式存放在单片机的外部数据存储器中，字模是 8 位二进制数。

单片机对 LED 显示屏的控制过程是先读后写。按 LED 点阵片在屏幕上的排列顺序，单片机先对第 1 排的第 1 片 LED 点阵片的列驱动锁存器，写入从外部数据存储器读得的字模数据，接着对第 2 片、第 3 片……直到这一排的最后一片都写完字模数据后，单片机再对这一排的行驱动锁存器写行扫描信号，于是第 1 排第 1 行与字模数据相关的发光二极管点亮。接着第 2 排第 1 行、第 3 排第 1 行……直到最后一排第 1 行全部点亮。各排第 1 行都点亮后，延时一段时间，然后黑屏，这样就算完成了单片机对 LED 显示屏的行扫描控制。

单片机对 LED 显示屏第 2 行的扫描控制、第 3 行的扫描控制……直到第 8 行的扫描控制，其过程与第 1 行的扫描控制过程相同。对全部 8 行的控制过程都完成后，LED 显示屏也就完成了 1 帧图像的完整显示。

虽然按这种工作方式，LED 显示屏是一行行点亮的，每次都只有一行亮，但只要保证每行每秒钟能点亮 50 次以上，即刷新频率高达 50 Hz，那么由于人的视觉惰性，所看到的 LED 显示屏显示的图像还是全屏稳定的图像。

三、LED 显示屏技术参数

LED显示屏除了原材料的技术参数应满足需求外，还包括颜色、亮度和视角，灰度等级，对比度，刷新频率等，还包括图像采集、真实图像色彩再现、亮度控制 D/T 转换、数据重构和存储等关键技术。

1. 颜色 . 亮度和视角

随着二极管制与半导体的结合其生产材质与制作工艺逐步升级，突破了原有光亮、颜色的限制，大量应用蓝色二极管、纯绿色发光二极管，提升了显示光亮度。进而提升了 LED 显示屏幕在室外环境中的优势，可适应不同显示要求，提升 LED 在不同环境中的有效价值。对于 LED 显示屏性能的评价必须是综合考量的结果，因其相关性能指标都是密切相关的，亮度、视角、分辨率等指标相互影响。当前在高密度、全彩色室内显示屏中利用表贴 LED 器件提升显示屏获得视角、亮度性能。

2. 灰度等级

LED 显示屏的灰色等级主要是用来对其色彩显示程度进行评价，通过对最暗单基色亮度到最亮之间进行亮度等级判断，以灰度等级为标准进行显示屏显示色彩的评估。当灰度等级较高时，其显示色彩丰富艳丽；当其灰度等级较低时，颜色变化单一。因此，对灰度等级的提升，有利于增加图像的色彩显示层次，有助于色彩深度的提升。

3. 对比度

显示屏幕的对比度影响着视觉成像效果，高对比度，提升画面清晰度、颜色鲜亮，并有效地提升图像画质的细节质感、清晰程度、灰度等级。此外，对比度还对动态视频的分辨转换带来一定影响，高对比度可使肉眼更易于分辨动态图中的明暗转换过程。

4. 刷新频率

LED 显示屏其每秒内容可重复显示的次数被称之为刷新频率，当刷新频率较低时，会出现图像闪烁，尤其是在视频拍摄的过程中闪烁过于明显，因此必须要最大限度地提升刷新频率，保证显示画面的稳定性。

5. 图像采集

LED 对图像的显示利用电子发光系统显示出将数字信号进行图像式转换的结果。专用视频卡在 PCI 总线利用 64 位图形加速器的基础上形成与 VGA、视频功能的统一兼容，使得视频数据叠加 VGA 数据，完善兼容时的不足。利用全屏方式采集分辨率，使得视频图像可实现全角度分辨并加强分辨效果，杜绝边缘模糊问题，可随时缩放和任意移动图像，对不同播放要求都可及时应对。有效分离红绿蓝三色的，提升电子显示屏播放的真彩成像效果。

6. 真实图像色彩再现

一般情况下，红绿蓝三种颜色组合应满足光感强度比趋于 3：6：1；红色成像敏感性更强，因此必须均匀散布空间显示中的红色；因三种颜色光强不同，人们视觉感受中呈现的分辨非线性曲线也不同，所以要利不同光强白光，纠正电视机内部射光；色彩分辨能力因个人差异、环境差异存在不同，需按一定客观指标进行色彩再现，如：

（1）将 660nm 红光，525nm 绿光，470nm 蓝光定位基本波长。

（2）根据光强的实际状况，利用 4 管或 4 管以上白光单元进行匹配。

（3）灰度等级为 256 级。

（4）LED 像素必须要以非线性校对处理。可由硬件系统、播放系统软件相配合进行对三基色配管的控制。

7. 亮度控制 D/T 转换

利用控制器控制像素的发光，促使其形成驱动的独立性。当需要呈现彩色视频时，必须要有效控制每一像素点的亮度及色彩，并使得扫描操作在规定时间内同步完成。但大型 LED 电子显示屏的像素点成千上万，这增加了控制的复杂性，增加了数据传输的难度。而利用 D/A 控制每一像素点在实际工作中是不现实的，此时需要全新的控制方案来满足像素系统的复杂要求。基于视觉原理分析，像素点的亮/灭比例是人们分析平均亮度的主要依据，有效调节此比例可实现有效的控制像素亮度。而 LED 显示屏中应用此原理时，可将数字信号向时间信号转换，实现 D/A 之间有效的转换。

8. 数据重构和存储

目前，组合像素法、位平像素法是常见的存储器组合方式。其中位平面法优势更明显，有效提升 LED 屏的最佳显示效果。经过位平面数据对电路重构，转换 RGB 的数据，有机结合同权位中不同像素，并利用相邻储存结构进行数据存储。

某公司不同类型的 LED 显示屏主要技术参数如表 1-6 所示。表 1-1 是室内全彩色 LED 显示屏主要技术参数，表 1-2 是室内单双色 LED 显示屏主要技术参数，表 1-3 是半户外 LED 显示屏主要技术参数，表 1-4 户外全彩 LED 显示屏主要技术参数，表 1-5 是户外双色 LED 显示屏主要技术参数，表 1-6 是户外单色 LED 显示屏主要技术参数，某公司 LED 显示屏主要技术参数。

表 1-1 室内全彩色 LED 显示屏主要技术参数

项目	规格			
产品型号	PH6	PH7.62	PH8	PH10
像素间距（mm）	6 mm	7.62 mm	8 mm	10 mm
物理像素密度（/㎡）	27777	17222	15625	10000
像素组成	1R1G1B	1R1G1B	1R1G1B	1R1G1B
模组解析度	32*32	32*32	32*32	32*32
模组尺寸（长 mm* 宽 mm）	192*192	244*244	256*256	320*320
亮度（cd/㎡）	≥1500	≥1300	≥1500	≥1000
最佳视距 (m)	6 m	7.6 m	8 m	10 m

续表

项目	规格			
最大功率（W/㎡）	950	1200	1200	1000
白平衡亮度	700	700	800	800
驱动方式	恒流驱动 1/8 扫描	恒流驱动 1/8 扫描	恒流驱动 1/8 扫描	恒流驱动 1/8 扫描
发光管产地	红管台湾，兰管 . 绿管美国 AXT 或士兰			
LED 封装形式	SMD 贴片			
灰度等级	推荐单色 4096 级（软件 2bit 到 16bit 可调）			
显示颜色数	64G 色（4096 级灰度条件下显示颜色数）			
左右视角	＞ 150 度			
显示模组亮度均匀性	＜ 5%			
色温	红、绿、蓝三色亮度通过软件 100 级可调，色温根据需要可调			
对比度	软件 8 级可调			
控制方式	与电脑显示屏同步显示			
无中继有效通讯距离	非屏蔽双绞线传输距离为 100 米，最大传输距离可达 130 米 多模光纤传输距离可达 500 米，单模光纤传输距离可达 15 公里。			
刷新频率	可以通过软件根据需要任意设置。（推荐设置刷新频率是帧频的整数倍，不同画面帧频是不同的，需要灵活设置。）			
像素失控率	小于十万分之一（行业标准：小于万分之一）			
平均无故障工作时间	≥10000 小时			
使用寿命	≥100000 小时			
对地漏电流	＜ 2mA			
供电方式	AC220V/50HZ 和 AC110V/60HZ 可选			
使用环境温度	-20℃ ~ +60℃			
使用环境湿度	10% ~ 90%			
电源开关	自动开关			
开关电源负荷	5V/40A			
软件	LED 演播室			

表 1-2 室内单双色 LED 显示屏主要技术参数

项目	规格		
规格	Φ3.0	Φ3.75	Φ5.0
点间距	4 mm	4.75 mm	7.62 mm
发光点颜色（单色）	1R1G（1R）	1R1G(1R)	1R1G(1R)
单元板尺寸（长 mm* 宽 mm）	260*130	306*153	488*244
物理分辨率（/㎡）	62500	44321	17200
单元板重量（G）	700	900	1500
平均功耗〔W/m²〕	450	350	150
白平衡亮度	250	200	150
最佳视距（M）	4	5	6
最佳视角（度）	120	120	120
最大功耗（W/㎡）	1000	700	300
发光管产地	红管台湾，绿管美国 AXT 或士兰		
通讯方式	RS-485/232/08		
平均无故障时间	10000 小时		
可视距离 / 可视角度	5 ~ 100m /150°		
环境温度 / 工作温度 / 相对湿度	存贮 -35℃ ~ +85℃ /-20℃ ~ +50℃ / ≦ 95%		

续表

项目	规格
工作电压	220V
驱动器件 / 驱动方式	595/ 1/16 扫描
扫描频率 / 刷新频率	≧ 180 帧 / 秒 / ≧ 180 帧 / 秒
灰度 / 颜色	显示灰度级各种基色均为非线性校正的 256 级、双基色共可显示 65536 种颜色
显示控制方式	根据不同使用要求，可采用同步或异步方式
亮度调节方式	软件调节 8 级可调
使用寿命 / 视频信号	≧ 100000 小时 / PAL/NTSC
视频输入方式	二路 Video 及一路 S-Video
杂点率	小于十万分之一（行业标准：小于万分之一）
平整度	任意相邻像素间≦ 0.5mm; 模块拼接间隙 < 1mm
均匀性	像素光强、模块亮度均匀
电源开关及负荷	自动开关 5V/40A
电脑显示模式	800×600 1024×768 或更高
有效通讯距离	100 米（无中继）
软件	LED 演播室

表 1-3 半户外 LED 显示屏主要技术参数

项目	单色	双色
规格	Φ5.0	Φ5.0
点间距	7.62 mm	7.62 mm
发光点颜色	1R	1R1G
单元板尺寸（长 mm* 宽 mm）	488*244	488*244
分辨率（/ ㎡）	17200	17200
平均功耗〔W/m²〕	250	400
最大功耗（W/ ㎡）	600	1000
最高亮度〔cd/m²〕	6000	
水平可视角度	60-70°	
垂直可视角度	45-60°	
LED 封装形式	插件	
杂点率	小于十万分之一（行业标准：小于万分之一）	
平整度	任意相邻像素间≦ 0.5mm; 模块拼接间隙 < 1mm	
均匀性	像素光强、模块亮度均匀	
平均无故障时间	10000 小时	
显示控制方式	根据不同使用要求，可采用同步或异步方式	
亮度调节方式	软件调节 8 级可调	
使用寿命	≧ 100000 小时	
视频信号	PAL/NTSC	
视频输入方式	二路 Video 及一路 S-Video	
驱动方式	1/8 扫描	
平均无故障时间	100000 小时	
可视距离	5 ~ 500m	
可视角度	150°	
环境温度	存贮 -35℃ ~ +85℃	
工作温度	-20℃ ~ +50℃	
电源开关	自动开关	

项目	单色	双色
开关电源负荷	5V/40A	
电脑显示模式	800×600 1024×768 或更高	
有效通讯距离	100 米（无中继）	
软件	LED 演播室	

表1-4 户外全彩 LED 显示屏主要技术参数

项目	户外全彩					
产品型号	P10	P12.5	P16	P20	P25	P31.25
模组尺寸（mm）	320*160	200*200	256*128	320*160	200*200	250*250
像素间距（mm）	10 mm	12.5mm	16 mm	20 mm	25 mm	31.25 mm
像素密度（点/㎡）	10000	6400	3906	2500	1600	1024
像素组成	1R1G1B	2R1G1B	2R1G1B	2R1G1B	2R1G1B	2R2G1B
模组解析度	32*16	16*8	16*8	16*8	8*8	8*8
箱体解析度	32*32	32*32	32*32	32*32	32*32	32*32
箱体尺寸（长mm*宽mm）	320*320	400*400	512*512	320*160	800*800	1000*1000
最大功率（W/㎡）	1000	1000	1100	1200	1200	1200
平均功率（W/㎡）	400	320	440	360	280	160
亮度（cd/㎡）	≥5500	≥5500	≥7000	≥5500	≥5500	≥4500
最佳视距（m）	10m	12mm	16m	20m	25m	31.25m
灰度等级	单色 12bit	单色 12bit	单色 12bit	单色 12bit	单色 12bit	单色 12bit
显示颜色数	36bit 色	36bit 色	36bit 色	36bit 色	36bit 色	36bit 色
箱体质量	40KG	45KG	51KG	65.5KG	72.2KG	63KG
驱动方式	恒流驱动 静态锁存	恒流驱动 静态锁存	恒流驱动 静态锁存	恒流驱动 静态锁存	恒流驱动 静态锁存	恒流驱动 静态锁存
刷新频率	480HZ	480HZ	540HZ	540HZ	540HZ	540HZ
色温	红、绿、蓝三色亮度通过软件 256 级可调，色温根据需要可调					
IP 防护等级	IP65					
视角	最佳视角水平 90-130 度，仰角 30-45 度，俯角 10-20 度					
显示模组亮度均匀性	＜ 5%					
像素管产地	红管台湾，兰管、绿管美国 AXT 或士兰					
显示卡	DVI 显卡					
控制方式	与电脑显示屏同步显示					
无中继有效通讯距离	非屏蔽双绞线传输距离为 100 米，最大传输距离可达 130 米 多模光纤传输距离可达 500 米，单模光纤传输距离可达 15 公里。					
像素失控率	＜ 1/100000（行业标准：＜ 1/10000）					
平均无故障工作时间	＞ 10000 小时					
使用寿命	＞ 100000 小时					
对地漏电流	＜ 2mA					
供电方式	AC220V/50HZ 和 AC110V/60HZ 可选					
使用环境温度	-20℃ ~ +60℃					
使用环境湿度	10% ~ 90%					
软件	LED 演播室					

续表

表 1-5 户外双色 LED 显示屏主要技术参数

项目	户外双色					
产品型号	P10	P12.5	P16	P20	P25	P31.25
模组尺寸（mm）	320*160	200*200	256*128	320*160	200*200	250*250
像素间距（mm）	10 mm	12.5mm	16 mm	20 mm	25 mm	31.25 mm
像素密度（点/㎡）	10000	6400	3906	2500	1600	1024
像素组成	1R1G	2R1G	2R1G	2R1G	2R1G	2R2G
模组解析度	32*16	16*8	16*8	16*8	8*8	8*8
箱体解析度	32*32	32*32	32*32	32*32	32*32	32*32
箱体尺寸 （长 mm* 宽 mm）	320*320	400*400	512*512	320*160	800*800	1000*1000
最大功率（W/㎡）	700	800	920	1100	700	1200
平均功率（W/㎡）	200-300	320	240-320	330-340	280	500-600
亮度（cd/㎡）	≥5500	≥5500	≥7000	≥5500	≥5500	≥4500
最佳视距(m)	10m	12mm	16m	20m	25m	31.25m
驱动方式	恒流驱动	恒流驱动	恒流驱动	恒流驱动	恒流驱动	恒流驱动
	1/4	1/4	1/4	1/4	1/4	1/4
刷新频率	480HZ	480HZ	540HZ	540HZ	540HZ	540HZ
IP 防护等级	IP65	IP65	IP65	IP65	IP65	IP65
视角	最佳视角水平 90-130 度，仰角 30-45 度，俯角 10-20 度					
显示模组亮度均匀性	＜ 5%					
像素管产地	红管台湾，绿管美国 AXT 或士兰					
显示卡	DVI 显卡					
控制方式	根据不同使用要求，可采用同步或异步方式					
像素失控率	＜ 1/100000（行业标准：＜ 1/10000）					
对地漏电流	＜ 2mA					
供电方式	AC220V/50HZ 和 AC110V/60HZ 可选					
使用环境温度	-20℃ ~ +60℃					
使用环境湿度	10% ~ 90%					

表 1-6 户外单色 LED 显示屏主要技术参数

项目	户外单色					
产品型号	P10	P12.5	P16	P20	P25	P31.25
模组尺寸（mm）	320*160	200*200	256*128	320*160	200*200	250*250
像素间距（mm）	10 mm	12.5mm	16 mm	20 mm	25 mm	31.25 mm
像素密度（点/㎡）	10000	6400	3906	2500	1600	1024
像素组成	1R	2R	2R	2R	2R	2R
模组解析度	32*16	16*8	16*8	16*8	8*8	8*8
箱体解析度	32*32	32*32	32*32	32*32	32*32	32*32
箱体尺寸 （长 mm* 宽 mm）	320*320	400*400	512*512	320*160	800*800	1000*1000
最大功率（W/㎡）	700	800	920	1100	700	1200

续表

平均功率（W/㎡）	200-300	320	240-320	330-340	280	500-600
亮度（cd/㎡）	≥5500	≥5500	≥7000	≥5500	≥5500	≥4500
最佳视距(m)	10m	12mm	16m	20m	25m	31.25m
驱动方式	恒流驱动	恒流驱动	恒流驱动	恒流驱动	恒流驱动	恒流驱动
	1/4	1/4	1/4	1/4	1/4	1/4
刷新频率	480HZ	480HZ	540HZ	540HZ	540HZ	540HZ
IP防护等级	IP65	IP65	IP65	IP65	IP65	IP65
视角	最佳视角水平90-130度，仰角30-45度，俯角10-20度					
显示模组亮度均匀性	＜5%					
像素管产地	红管台湾					
显示卡	DVI显卡					
控制方式	根据不同使用要求，可采用同步或异步方式					
通讯距离（m）	100（无中继）					
像素失控率	＜1/100000（行业标准：＜1/10000）					
平均无故障工作时间	＞10000小时					
使用寿命	＞100000小时					
对地漏电流	＜2mA					
供电方式	AC220V/50HZ和AC110V/60HZ可选					
使用环境温度	-20℃～+60℃					
使用环境湿度	10%～90%					
软件	LED演播室					

四、LED显示屏常用术语

1. LED定义

LED是light emitting diode的英文缩写，中文名为发光二极管。LED发光二极管是由元素谱中的Ⅲ-Ⅳ族化合物，如GaAs（砷化镓）、GaP（磷化镓）、GaAsP（磷砷化镓）等半导体制成的，其核心是PN结。因此它具有一般P-N结的I-N特性，即正向导通，反向截止、击穿特性。此外，在一定条件下，它还具有发光特性。在正向电压下，电子由N区注入P区，空穴由P区注入N区。进入对方区域的少数载流子（少子）一部分与多数载流子（多子）复合而发光。假设发光是在P区中发生的，那么注入的电子与价带空穴直接复合而发光，或者先被发光中心捕获后，再与空穴复合发光。除了这种发光复合外，还有些电子被非发光中心（这个中心介于导带、介带中间附近）捕获，而后再与空穴复合，每次释放的能量不大，不能形成可见光。发光的复合量相对于非发光复合量的比例越大，发光效率越高。

2. LED显示屏

LED显示屏是经LED点阵组成的电子显示屏，通过亮灭红、绿灯珠更换屏幕显示内容形式如文字、动画、图片、视频的及时转化，通过模块化结构进行组件显示控制。

3. 双基色显示屏

由红、绿、蓝三基色中的任意两基色 LED 器件组成的 LED 显示屏。

4. 全彩色 LED 显示屏

由红、绿、蓝三基色 LED 器件组成的 LED 显示屏。

5. 亮度

英文是 brightness，表示 LED 显示屏单位面积上的发光强度。单位：坎德拉 /m²（CD/M²）。

6. 灰度等级

英文是 gray scale。LED 显示屏同一级亮度中从最暗到最亮之间能区别的亮度级数。无论用 LED 制作单色、双色或三色屏，欲显示图像需要构成像素的每个 LED 的发光亮度都必须能调节，其调节的精细程度就是显示屏的灰度等级。灰度等级越高，显示的图像就越细腻，色彩也越丰富，相应的显示控制系统也越复杂。一般 256 级灰度的图像，颜色过渡已十分柔和，而 16/32/64 级灰度的彩色图像，颜色过渡界线十分明显。所以，彩色 LED 屏当前都要求做成 256/16384 级灰度的，这种灰度等级实现的颜色组合与颜色过渡，已远远超过人眼对彩色分辨能力。

7. 像素

英文是 pixel。 LED 显示屏的最小成像单元。

像素点：LED 显示屏的最小发光单位，同普通电脑显示器中所说的像素含义相同；LED 显示屏中的每一个可被单独控制的发光单元称为像素。

像素直径：像素直径 ∮ 是指每一 LED 发光像素点的直径，单位为毫米。

像素间距：LED 显示屏的两像素间的中心距离称为像素间距，又叫点间距。点间距越密，在单位面积内像素密度就越高，分辨率亦高，成本也高。像素直径越小，点间距就越小。

8. 像素中心距离精度

英文是 precision of dot pitch。 LED 显示屏像素中心距实测值与标称值差的绝对值与标称值之比。

9. 显示模块

英文是 display module。 由若干个显示像素组成的，结构独立组成 LED 显示屏的最小单元。

10. 显示模组

英文是 display module group。 由电路及安装结构确定的并具有显示功能的组成 LED 显示屏的独立单元

11. 平整度

英文是 level up degree。 发光二极管、像素、显示屏模块、显示模组在组成 LED 显示

屏平面时的凹凸偏差。

12. 最大亮度

英文是 maximum brightness 。在一定环境照度下，LED 显示屏各基色在最高灰度级、最高亮度时亮度。全彩色 LED 显示屏还包括白平衡状态下的亮度。

13. 视角

英文是 viewing angle 。 观察方向的亮度下降到 LED 显示屏法线方向亮度的二分之一时，同一平面两个观察方向与法线方向所成的夹角。分为水平视角和垂直视角。

14. 最高对比度

英文是 maximum contrast ratio 。在一定环境照度下，LED 显示屏最大亮度和背景亮度的比。

15. 换帧频率

英文是 refresh frame frequency。 LED 显示屏画面信息的频率。

16. 刷新频率

英文是 refresh ratio。 LED 显示屏显示数据每秒钟被重复显示的次数。

17. 分辨率

指显示终端在水平和垂直方向上对画面的处理和显示能力，通常用水平方向的有效像素数和垂直方向的有效像素数的乘积，即有效像素总数来表示。

18. 光通量

英文是 luminous flux，符号为 ϕ。表示光源在单位时间内发出的光量，单位为流明 (lumin)，符号为 lm。

19. 发光强度

英文是 luminous intensity，符号为 I。表示光源在给定方向上很小的立体夹角内所包含的光通量 dϕ 与这个立体角 dQ 的比值，单位为坎特拉 (cd)，1cd=1000mcd 。

20. 光亮度

英文是 luminous，符号为 L。表示光源在给定方向上很小的立体夹角上的发光强度与垂直于给定方向的平面上的正投影面积的比值， 单位为坎特拉每平方米 (cd/m2)。

21. 光效

单位是流明 / 每瓦（Lm/w），表示电光源将电能转化为光的能力，以发出的光通量除以耗电量来表示。

22. 点间距

任意相邻的两个像素的物理中心的间距，另一种叫法把此间距当成像素的发光直径 ϕ；点间距越小，在近距离观赏时显示屏的图片细腻程度越好；点间距越大时，最佳观测距离增大，LED 的发光强度也需适当增高。

23. 色温

光源发射光的颜色与黑体在某一温度下辐射光色相同时，黑体的温度称为该光源的色温，单位是开尔文（K）。

24. 虚拟像素技术（又称 LED 复用技术或像素分解技术）

将一个像素拆分为若干个彼此独立的 LED 单元。每一 LED 单元以十分复杂的方式再现若干个相邻像素的对应基色信息。以常用形式为 2R+1G+1B 的四像素型动态像素为例，将一个像素拆分为四个彼此独立的 LED 单元。每一 LED 单元以时分复用的方式再现四个相邻像素的对应基色信息，一般情况下，各 LED 相互之间为等间距均匀分布。优点：（以四像素型动态像素技术为例）虚拟像素（物理上不存在，但实际上可实现的像素）密度提高到 4 倍；有效视觉像素密度最大可提高 4 倍。不足：该技术由于采用了 LED 等间距均匀分布，因此组成每一个像素的 LED 之间的间距呈现最大离散状态。与 LED 集中分布方式相比，像素的混色性能稍差一点；在物理亮度相同的情况下，显示屏的视觉亮度较弱。由于对每一只 LED 采用了时分复用方式，循环扫描相邻四像素的信息，因此在显示单笔划的文字时会出现字迹不清现象。虚拟像素技术适用于观看距离大于显示屏物理像素间距 P 的 2048 倍。

25. 余像技术

在显示系统中，当显示的信息向某个方向以一定的速度滚动时，利用人眼视觉暂留的特点；在相邻的两个像素之间会产生一系列移动的、物理上不存在的虚拟像素，从而提高显示屏的分辨率。一般应用于文字条屏的显示。

26. 非线性灰度校正技术

当灰度级别提高到较高层次后，人眼对低亮度极差极其敏感，而对高亮度级差不能清晰分辨，造成人眼对亮度的实际分辨能力与测量仪器的线性灰度等级有较大差异，这就需要对 LED 发光器件进行非线性视觉校正，压缩低亮度级差、扩大高亮度级差，使实际显示的灰度级差符合人体的生理视觉。这种方法将增加运算的难度和系统复杂性，是一种先进的视频处理技术。

27. 恒流驱动技术

当 LED 用恒压驱动时，由于 LED 的 PN 节非线性特征，其通过的电流大小对所施电压极其敏感，同时各 LED 的具体参数又因工艺因素产生差异，还有显示屏工作时各点的温度差异，都会导致各 LED 发光强度不一，影响到显示屏的匀色特性，甚至会导致部分 LED 工作在非正常工作范围内而引起过早老化和损坏。而当采用恒流驱动技术时，只要把恒电流确定在 LED 的额定工作范围内（其 I/V 特性接近直线），就可以使 LED 的发光强度基本不会受到工作电压、工作温度和自身参数的影响，从而确保 LED 显示屏亮度和色度的均匀性。中高端的 LED 全彩显示屏都应采用恒流驱动技术。

28. 自适应亮度调节技术

当显示屏工作于不同的工作环境下（如昼、夜、朝、夕、阴、雨、阳光等），LED显示屏会根据环境的光照强度，自动调节显示屏的发光强度从而获得最佳亮度与对比度，以满足人们的视觉效果。

29. RGB 英文 red.green.blue(即红.绿.蓝) 的缩写。

30.LED 显示模块

由若干个显示像素组成的，结构上独立、能组成LED显示屏的最小单元，典型的有8*8点阵模块等。

31. 单元板

显示屏的主体组成单元，由发光材料及驱动电路构成。室内屏通常由单元板构成。模组：户外显示屏的最小显示单元。由若干个发光二极管按照一定的排列顺序，通过焊接、灌胶等工艺封装在固定的模壳里，便成为一个模组。单元箱体：是显示屏的主体组成单元，由单元板按一定次序组成。户外屏通常由单元箱体构成。

32. SMT/SMD

SMT 就是表面组装技术（SURFACE MOUNTED technology 的缩写），是目前电子组装行业里最流行的一种技术与工艺; SMD 是表面组装器件(surface mounted device 的缩写)，用于户内全彩色显示屏，可实现单点维护，有效克服马赛克现象。

33. 插灯模组

插灯模组是指 DIP 封装的灯将灯脚穿过 PCB 板，通过焊接将锡灌满在灯孔内，由这种工艺做成的模组就是插灯摸组，优点是亮度高、散热好，缺点是像素密度小。

34. 表贴模组

表面贴装也叫 SMT，将 SMT 封装的灯通过焊接工艺焊接在 PCB 板的表面，灯脚不用穿过 PCB 板，由这种工艺做成的模组叫表贴模组，优点是显示效果好，像素密度大，适合室内观看。缺点是亮度不够高，灯管自身散热不够好。

35. 亚表贴模组

亚表贴是介于 DIP 与 SMT 之间的一种产品，其 LED 灯的封装表面和 SMT 一样，但是它的正负极引脚和 DIP 的一样，生产时也是穿过 PCB 来焊接的，其优点是：亮度高、显示效果好。缺点：是工艺复杂、维修困难。

36. 三合一表贴

是指将 RGB 三种不同颜色的 LED 晶片封装的 SMT 灯，按照一定的间距垂直并列在一起。三合一的优点是效果好，缺点是工艺复杂、维修困难、成本高。

37. 三并一表贴

三并一是将 RGB 三种独立封装的 SMT 灯按照一定的间距垂直并列在一起。

五、LED 显示屏应用及发展趋势

LED 显示屏是 20 世纪 90 年代出现的新型平板显示器件，由于其亮度高、画面清晰、色彩鲜艳等优点，使它在公众多媒体显示领域一枝独秀。

LED 显示屏的发展可分为以下几个阶段：第一阶段为 1990 年到 1995 年，主要是单色和 16 级双色图文屏。用于显示文字和简单图片，主要用在车站、金融证券、银行、邮局等公共场所，作为公共信息显示工具。

第二阶段是 1995 年到 1999 年，出现了 64 级、256 级灰度的双基色视频屏。视频控制技术、图像处理技术、光纤通信技术等的应用将 LED 显示屏提升到了一个新的台阶。LED 显示屏控制专用大规模集成电路芯片也在此时由国内企业开发出来并得以应用。

第三阶段从 1999 年开始，红、纯绿、纯蓝 LED 管大量涌入中国，同时国内企业进行了深入的研发工作，使用红、绿、蓝三原色 LED 生产的全彩色显示屏被广泛应用，大量进入体育场馆、会展中心、广场等公共场所，从而将国内的大屏幕带入全彩时代。

90 年代末以来，我国 LED 显示屏产业在发展规模和完善产业链的同时，新技术、新产品、新工艺、新材料也相继问世，市场竞争力保持较高且先进的水平，在全彩色 LED 显示屏、256 级灰度视频控制技术、集群无线控制技术、多级群控技术等方面，均有比较成熟的产品接连上市。LED 显示屏控制专用大规模集成电路已经由国内企业开发生产并投入使用。随着 LED 原材料市场的迅猛发展，表面贴装器件从 2001 年面世，主要用在室内全彩屏上，并且以其亮度高、色彩鲜艳、温度低的特性，可随意调整的点间距，被不同价位需求者所接受。

2005 年至 2010 年，我国 LED 显示屏应用市场规模从 40 亿元增长到 185 亿元。2017 年我国 LED 显示屏行业市场规模约 305.8 亿元。2019 年我国 LED 显示领域行业市场规模约 626 亿元。预计 2022 年我国 LED 显示屏市场规模将达 1264 亿元。

1. LED 显示屏的应用

LED 显示屏的主要应用领域包括学校和医院，证券交易、金融信息显示，机场、车站动态信息显示，港口、车站旅客引导信息显示等方面。

（1）学校和医院

在学校中，LED 显示屏作为向学生通知和科学宣传的工具，在医院主要用来宣传药品、医疗和健康知识。

图 1-35 学校的 LED 显示屏

（2）证券交易、金融信息显示

用于证券交易、金融信息显示的 LED 显示屏占到了国内 LED 显示屏需求量的 50%以上，目前仍为 LED 显示屏的主要需求行业。

图 1-36 证券交易显示

（3）机场、车站动态信息显示

机场、车站对信息显示的要求非常明确，LED 显示是机场、车站动态信息显示系统的首选产品。

图 1-37 机场、车站动态信息显示

（4）港口、车站旅客引导信息显示

以 LED 显示屏为主体的信息系统和广播系统、列车、船舶到发显示系统、票务信息系统等共同构成客运枢纽自动化系统。

图 1-38 港口、车站旅客引导信息

（5）体育馆信息显示

LED 显示屏已取代了传统的白炽灯及 CRT LED 显示屏，国内重要体育场馆都采用了

LED 显示屏作为信息显示的主要手段。

图 1-39 体育场馆信息显示

（6）道路交通信息显示

在城市交通、高速公路等领域，LED 显示屏作为可变情报板、限速标志等。

图 1-40 道路交通信息显示

（7）调度指挥中心信息显示

电力调度、车辆动态跟踪、车辆调度管理等，也在逐步采用高密度的 LED 显示屏。

图 1-41 调度指挥中心信息显示

（8）邮政、电信、商场购物中心等服务领域的业务宣传及信息显示

遍布全国的服务领域，大量使用 LED 显示屏。

图 1-42 商业应用

（9）广告显示应用

随着科技的快速发展，传统媒体的广告和信息传播形式已经不能满足人们的需求。LED 显示屏因其色彩鲜艳、图像清晰等特点，为受众提供了惊艳的视觉效果，极大限度地凸显了媒体广告的商业价值，从而成为新媒体时代最受广告业主喜爱的广告载体。

图 1-43 LED 显示屏广告

（10）视频直播应用

演出和集会大型 LED 显示屏越来越普遍地用于公共和政治目的视频直播，这些中大型 LED 显示屏增强了政治及艺术影响力。

图 1-44 LED 显示屏视频直播应用

（11）展览和租赁

在许多大型展览会上，大型 LED 显示屏是展览组织者提供的重要服务内容之一，向参展商提供有偿服务，国外还有大型 LED 显示屏的专业性租赁公司，也有一些规模较大的制造商提供租赁服务。

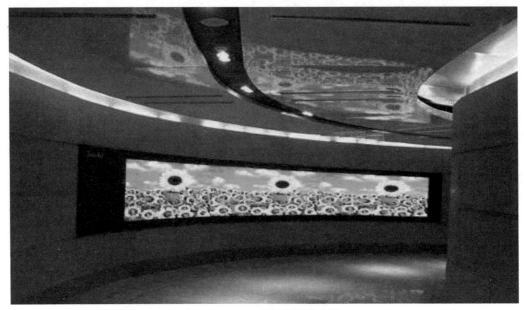

图 1-45 LED 显示屏展览应用

2. LED 显示屏的发展趋势

随着 LED 显示技术日渐成熟，LED 显示屏成本持续降低，性价比逐渐提高，市场规模不断扩长，尤其是点间距 P2.5 以下的小间距 LED 显示屏、Mini/MicroLED 显示屏，基于其高亮度、高刷新率、低功耗等特点，持续向商业和民用市场渗透，占比不断提高。根据统计，2020 年全球 LED 显示屏市场规模为 55.26 亿美元，其中点间距 P2.5 以下的小间距 LED 显示屏、Mini/MicroLED 显示屏市场规模为 27.38 亿美元，占比达到了 49.55%。

（1）屏幕超大化趋势

全彩色 LED 显示屏的兴起和发展为屏幕的超大化提供了基础和需求。当前，一些特定的市场，如大型广告商圈、大型游乐场所为了吸引更多的广告业主和受众的关注，大力兴建超大面积 LED 显示屏。

（2）轻薄趋势

目前行业内几乎每一家都在标榜自己箱体特点轻薄，的确轻薄箱体是取代铁箱的一个必然趋势，以往的铁箱本身重量就不低，再加上钢结构的重量，整体就非常重。这样，很多楼层建筑都难以承受这么重的附着物，建筑的承重、地基的压力等都是不容忽视的，而且不易于拆卸运输，成本方面大大增加，所以箱体轻薄是所有生产厂家不得不更新的一个趋势。

（3）快速拼接趋势

主要是针对 LED 租赁显示屏而言。租赁的特点就是经常拆装，满足临时需求，所以显示屏箱体之间一定要能够快速、精准地拼接。轻薄设计是 LED 租赁屏的最大诉求，LED 显示屏因为其应用场所的特殊性，需要经常性拆卸及搬运。越轻薄的 LED 租赁屏运输越便利，也能节省更多成本。所以快速精准安装也必然是 LED 显示屏的发展趋势。

（4）节能趋势

我国一直提倡节能减排，节能环保也是未来生活的新主张。LED 显示屏相比其他传统广告方式，本身自带节能环保的"光环"LED 显示屏具备亮度自我调节功能。LED 显示屏本身使用的发光材料就是节能产品，但是在实际应用过程中，展示面积通常属于较大的场合，长时间运行加上高亮度播放，耗电量自然不容小觑。在户外广告应用时，广告业主除了负担 LED 显示屏本身相关成本外，电费也会随着设备的使用时间而呈现几何式的增长。因此，只有从技术层面进行提升才能从根源上解决产品节能的问题。降低 LED 显示屏功耗，实现真正节能，才是 LED 显示屏最重要的发展趋势。

（5）高清高密度趋势

高清高密度是全彩屏画面显示的发展趋势。为了获得更好的观赏效果，人们对显示屏的画面要求从简单的全彩到逼真，还原色彩的真实性，同时还要在更小的显示屏上实现如同电视一样舒适、清晰的图像显示。因此，以高密度小间距 LED 显示屏为代表的高清显示屏将是未来的发展趋势。

从 2019 年到 2021 年，Mini LED 在苹果和三星的市场动作中一步步从"Mini LED 元年"到"Mini LED 产业元年"再到"Mini LED 商用元年"。一线品牌牵引 Mini LED 产业链，建立 Mini LED 的优秀性能和高端市场。按照正常路径，随着产业链和技术的不断成熟，Mini LED 的制造良率将大幅提升，市场规模大幅扩大，分摊成本大幅下降，最终价格降至市场可接受范围，然后彻底引爆 Mini LED 市场，中高端产品实现 Mini LED 的替换，进一步提升规模、降低成本。

在 2022 年 5、6 月的国际展会中都有很多 Micro LED 的新产品亮相，也一度成为一大亮点。在 Mini LED 逐渐起量时，业界对更微小间距的关注延伸到了 Micro LED。而巨量转移也成了 Micro LED 量产的关键。近期，micro-LED 巨量转移技术频频迎来突破进展消息。

利亚德日前召开发布会，发布"利亚德黑钻"系列 Micro-LED 技术及新品。公司表示，巨量转移良率大幅提升，PCB 巨量良率已提升至 99.995%，半导体级转移良率迈向 99.999%。海通证券指出，随着利亚德在 COG、量子点等技术上的投入，未来产品成本有望大幅降低。深康佳在 6 月 28 日的机构调研中透露，公司在自主开发的"混合式巨量转移技术"上有所突破，转移良率达 99.9%，试产阶段效果较好。6 月 17 日，广东省科学院半导体研究所也已发布其半导体所新型显示团队在微器件巨量组装和集成领域取得重要进展的研究成果。基于光刺激调控光敏聚合物的表面形貌和界面粘附力，实现微器件巨量转移。

据调研机构预测，若巨量转移技术设备可达到大规模商用要求，将加速 Micro LED 商业化落地进程，打开市场空间。Micro LED 则被机构称作"未来最具潜力的新型显示技术"，在小尺寸穿戴、VR/AR、手机、平板和 TV 等各显示领域都具有极高的应用潜力。但是对于当前的市场现状，巨量转移技术突破瓶颈仍在，Micro LED 量产存在一定的难度。

（6）智能化趋势

如同节能化一样，智能化也是LED全彩屏发展到一定阶段的产物。LED全彩屏的智能化体现在显示屏与智能操作之间的配合，例如在地铁广告屏上与行人互动游戏的全新广告模式。

（7）逐点校正常态化

随着户内户外LED全彩屏的项目越来越多，不同质量的显示屏开始出现在大众的视野，相形对比之下，没有经过逐点校正的显示屏显然不能满足业主的需求和受众的关注。逐点校正技术不断成熟、价格也不断下降，这一有益的技术让LED全彩屏的显示效果愈发出众。未来，逐点校正将会成为全彩屏的常态技术。

（8）室内屏户外化

未来，户外表贴全彩屏将会逐步取代直插式产品，真正实现户内屏户外化的发展趋势。同时，户外表贴全彩屏还与将高密产品相结合，目前已经成熟应用P5及其以下的高密户外表贴全彩屏。

（9）装饰、景观与显示屏相融合

当城市的楼宇都在大胆创新的运用LED全彩显示屏的时候，如何将显示屏与建筑更完美地结合在一起成为客户的要求。在很多情况下，一栋建筑本身就是一种独具匠心的设计，如果要在建筑外围或表面安装LED显示屏，就需要注意巧妙设计屏体样式。未来，LED显示屏将会与现代化装饰、景观、照明等搭配建设，成为城市更美好的创意显示。

（10）标准化趋势

LED显示屏如雨后春笋般崛起，但是能被行业认可的也只有那几家。很多小企业成立后就因为规模小、资金少，研发能力跟不上，所以就想办法走捷径，草率设计，甚至一味地抄袭大公司的设计，结果整个市场被次品充斥着，让很多客户头疼不已，这种行为是对客户的及其不负责。所以，LED大屏产品标准化也是必然趋势。

在行业不断发展的同时，市场竞争也在不断加剧，以各地的显示屏专业工程商承接为主的格局发生了巨大转变，产业链细化细分和产品标准化的推进，LED显示屏慢慢地走上了产品、项目、售后一条链的完美细化，随之而来的是渠道的多元化，不仅传统的显示屏专业工程商在参与项目，很多做标识标牌的、安防监控的、景观亮化的、IT集成的等等众多企业也都纷纷参与进来，打破了专业工程商垄断产品链条的格局，与此同时，随着互联网推广与普及，行业及产业链信息的透明度极大提高，产品价格也随之下降，LED显示屏的应用领域因此得到了极大的推广。

思考与练习

1.请说出LED光源的特点。

2.请说出发光二极管的分类方法。

3.请说出发光二极管有哪些封装形式。

4. 请说出 LED 显示屏有哪些分类方法。

5. 请说出 LED 显示屏有哪些技术参数。

6. 请举例说明 LED 显示屏的应用场景。

第二章　LED 显示屏电源电路

LED 显示屏电源电路主要由 EMI 电路、整流滤波电路、DC-DC 电路、稳压电路和保护电路几部分组成，其中整流电路是将交流电压变为脉动直流电压；滤波电路是将脉动直流电压变为平滑的直流电压；稳压电路是消除电网波动及负载变化的影响，保持输出电压的稳定。

本章节主要介绍稳压电路的原理，以及具体电路分析。常用的稳压电路主要有三种：一种为线性稳压电路、一种为开关型稳压电路，还有一种为稳压管稳压电路。其中稳压管稳压电路的电路最简单，但是带负载能力差，一般只提供基准电压，不作为电源使用，因此本章节主要介绍线性稳压电源和开关稳压电源。

§2—1　连续调整型稳压电路

学习目标

1. 了解线性稳压电路的结构。

2. 理解线性稳压电路的工作原理。

3. 掌握线性稳压电路的主要特点。

4. 掌握线性稳压电路的分析方法。

根据调整管的工作状态，我们常把稳压电源分成两类：连续调整型稳压电源（即线性稳压电源）和开关稳压电源。线性稳压电源是指调整管工作在线性状态下的直流稳压电源。具体是指调整管的工作状态是连续可变的，即线性的。线性稳压电源是比较早使用的一类直流稳压电源。

一、连续调整型稳压电路构成与原理

1. 连续调整型稳压电路构成

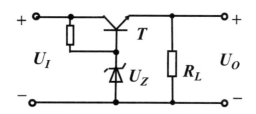

图 2-1　串联型直流稳压电源的基本形式

上图中调整管 T 串联在电源和负载之间，所以称为串联型稳压电源。对应的还有并联型稳压电源，就是将调整管和负载并联来调整输出电压。

由上图所知，Uo=UZ-UBE ，电路本质为一个射极输出器，输出电压 Uo 不随着输入电压 Ui 改变，实现了稳压的目的。但是此电路的输出电压仍然不够稳定，而且电压不可调，因此通过在电路中引入反馈的方式来对电路进行改进，具体如下图：

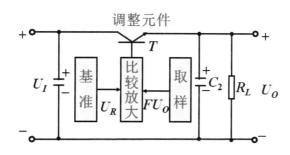

图 2-2　串联型直流稳压电路

串联式稳压电路由基准电压、比较放大、取样电路和调整元件四部分组成。

调整元件 T：与负载串联，通过全部负载电流。可以是单个功率管，复合管或用几个功率管并联。

比较放大器：可以是单管放大电路，差动放大电路，集成运算放大器。

基准电压：可由稳压管稳压电路组成。

取样电路：取出输出电压 Uo 的一部分和基准电压作比较。

电路通过取样电路取出输出电压 Uo 的一部分，比较电路将基准电压和取样电压进行比较并放大，将结果输出给调整元件的基极，用于控制调整元件的输出，使输出电压保持恒定，这样就实现了稳压的目的。

2. 连续调整型稳压电路的主要特点

线性稳压直流电源的特点是：输出电压比输入电压低；反应速度快，输出纹波较小；工作产生的噪声低；效率较低；发热量大，间接地给系统增加热噪声。

二、实际连续调整型稳压电路分析与检修

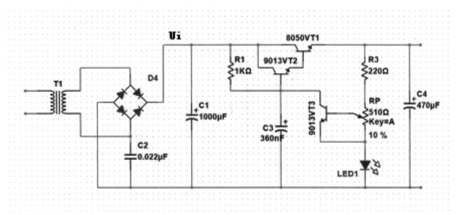

图2-3 分立元件直流稳压电源原理图

上图是一款3~12V可调分立元件直流稳压电源的电路原理图，下面简单叙述此稳压电源的基本工作原理：

220V交流电经降压变压器T1变换为12V低压交流电，经D4桥式整流、C1滤波后得到约16V左右的直流电压，这个电压是不稳定的，它会随输入交流电压和负载电流的大小而变化。晶体三极管VT1、VT2组成复合调整管，VT3为比较放大器，R3、RP既作为LED的限流电阻，同时又与LED共同组成取样及基准电压电路。

约16V的直流电压Ui加在调整管的输入端，R1是复合调整管的基极偏置电阻，为调整管提供导通电压。VT1导通后发射极有电压Uo输出，输出电压Uo由取样电路取出后送往比较放大管VT3的基极，经与基准电压比较后，从集电极输出误差控制电压，控制调整管的导通深度，使调整管VT1发射极输出的电压Uo稳定在规定值的范围内。若由于某种原因使Ui升高而导致输出电压Uo升高时，其稳压过程表示为：

该稳压电源巧妙地利用LED的正向导通电压（1.8V ~ 2V）来代替低稳压值的稳压管，另一方面又能起到电源指示作用。

变压器B选用功率在15W以上，以保证有较大的电流输出。当负载电流≥300mA时，VT1应选用C2073等中功率管且加装适当的散热片。

电解电容器额定工作电压选用25V，其他元件无特殊要求，当要求输出最大电流为500mA时，则将8050换为C2073，若有条件最好加上散热片，其余元件无特殊要求。

三、集成稳压连续型电源电路分析

1.三端集成稳压器的介绍

随着半导体工艺的发展，现在已生产并广泛应用的单片集成稳压电源，具有体积小、可靠性高，使用灵活，价格低廉等优点。最简单的集成稳压电源只有输入、输出和公共引出端，故称之为三端集成稳压器。

三端集成稳压器的外形如图 2-4，稳压器的硅片封装在普通功率管的外壳内，电路内部附有短路和过热保护装置。

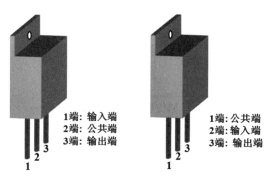

图 2-4 三端集成稳压器外形图

三端集成稳压器可以分为可调式和固定式。可调式是指输出电压可调，固定式是指输出电压是一固定值。常用的固定式三端集成稳压器包括输出为负电压的 W79XX 系列和输出为正电压的 W78XX 系列，型号后两位数字 XX 代表输出电压值，常用输出电压额定电压值有 5V、9V、12V、18V、24V 等 。例如：W7805 表示输出额定电压为 +5V。

2. 三端集成稳压器的应用

（1）W7800 系列稳压器的基本接线图

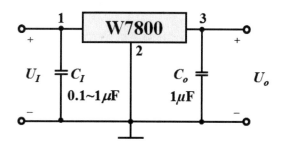

图 2-5 W7800 系列稳压器基本接线图

图 2-5 为 W7800 系列稳压器的基本接线图，1 点接输入电压，同时接滤波电容，2 点直接接地，3 点为输出端，需要接滤波电容。需要注意的是在使用 W78 和 W79 系列时输入与输出端之间的电压差不得低于 3V。当需要正负输出电压时接线如图 2-6。

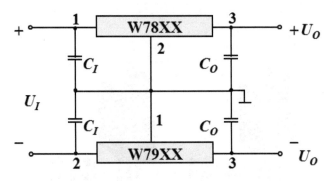

图 2-6 正负电压同时输出电路

（2）W7805 应用电路分析

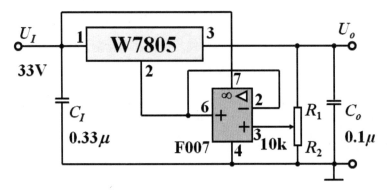

图 2-7 W7805 应用电路

图 2-7 是由 W7805 组成的 7 — 30V 可调式稳压电源，图中的运算放大器作为电压跟随器使用，它的电源直接使用稳压器的输入电压。由于运放的输入阻抗很高，输出阻抗很低，可以克服稳压器受输出电流变化的影响。

由运放的特点可知：$U_{o1} = U_- = U_+ = \dfrac{R_2}{R_1 + R_2} U_o$

根据 W7805 的特点可知：$U_o = U_{o1} + U_{XX}$

得出：$U_o = U_{XX} \times (1 + \dfrac{R_2}{R_1})$，其中 $U_{XX} = 5V$。

§2—2　开关型稳压电路构成及检修

学习目标

1.了解开关型稳压电路的结构。

2.理解开关型稳压电路的工作原理。

3.掌握开关型稳压电路的主要特点。

4.掌握开关型稳压电路的分析方法。

开关型稳压电路具有体积小、效率高的特点。线性电源的效率为 30% ~ 55%，而开关稳压器可达 60% ~ 85%，而且可以省去工频变压器和巨大的散热器，体积和重量都大为减小。这种电路已在各种电子设备中得到广泛的应用。

常用的实现开关控制的方法有自激式开关稳压器、脉宽调制式开关稳压器和直流变换式开关稳压器等。

一、开关型稳压电路构成及基本原理

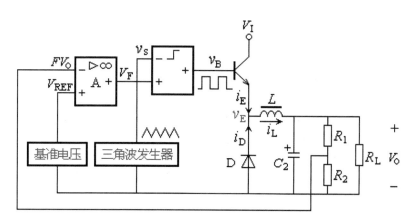

图 2-8 开关型稳压电路的原理图

图 2-8 为开关型稳压电路的原理图，它由调整管、滤波电路、比较器、三角波发生器、比较放大器和基准源等部分构成。

三角波发生器产生信号 VS，与比较放大器的输出电压 VF 进行比较并产生一个方波 Vb，用于控制调整管的通断。当调整管导通时，电路向电感 L 充电；当调整管截止时，续流二极管 D 为电感中的电流提供泄放通路，有利于保护调整管。

由图可知，当三角波的幅度小于比较放大器的输出 VF 时，比较器输出高电平，此时调整管导通，对应调整管的导通时间为 ton；反之为低电平时，调整管截止，对应调整管的截止时间为 toff。

上图中，为了稳定输出电压，引入了电压负反馈 FVO，与基准电压 VREF 进行比较。假设输出电压增加，FVO 增加，比较放大器的输出 VF 减小，比较器方波输出 toff 增加，调整管导通时间减小，输出电压下降，起到了稳压作用。

由于调整管发射极输出为方波，有滤波电感的存在，使输出电流 iL 为锯齿波，趋于平滑。输出则为带纹波的直流电压。各点波形见图 2-9。

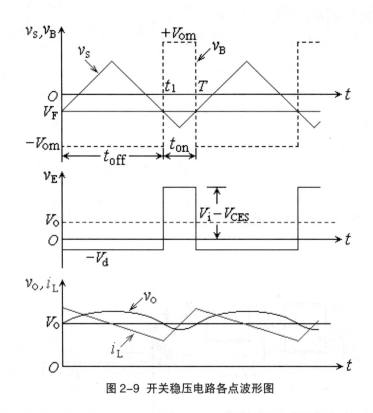

图 2-9 开关稳压电路各点波形图

忽略电感的直流电阻，输出电压 vo 即为 ve 的平均分量，可以得出：

$$U_o \approx U_I \frac{t_{ON}}{T} = V_I q$$

q 称为占空比，即方波高电平的时间占整个周期的百分比。在输入电压一定时，输出电压与占空比成正比，可以通过改变比较器输出方波的宽度（占空比）来控制输出电压值。这种控制方式称为脉冲宽度调制（PWM）。

由以上分析可以得出如下结论：

1. 调整管工作在开关状态，功耗大大降低，电源效率大为提高；

2. 调整管在开关状态下工作，为得到直流输出，必须在输出端加滤波器；

3. 可通过脉冲宽度的控制方便地改变输出电压值；

4. 在许多场合可以省去电源变压器；

5. 由于开关频率较高，滤波和滤波电感的体积可大大减小。

二、开关型稳压电路的种类

1. 单端反激式开关电源

单端反激式开关电源的典型电路如图2-10。单端是指高频变换器的磁芯仅工作在磁滞回线的一侧。反激是指当开关管 VT_1 导通时，高频变压器 T 初级绕组的感应电压为上正下负，整流二极管 VD_1 处于截止状态，在初级绕组中储存能量。当开关管 VT_1 截止时，变压器 T 初级绕组中存储的能量，通过次级绕组及 VD_1 整流和电容C滤波后向负载输出。

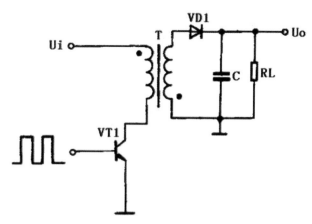

图 2-10 单端反激式开关电源

单端反激式开关电源是一种成本较低的电源电路，输出功率为20~100 W，可以同时输出不同的电压，且有较好的电压调整率。唯一的缺点是输出的波纹电压较大，外特性差，适用于相对固定的负载。

单端反激式开关电源使用的开关管 VT_1 承受的最大反向电压是电路工作电压值的两倍，工作频率在 20~200kHz 之间。

2. 单端正激式开关电源

单端正激式开关电源的典型电路如图2-11。这种电路在形式上与单端反激式电路相似，但工作情形不同。当开关管 VT_1 导通时，VD_2 也导通，这时电网向负载传送能量，滤波电感L储存能量；当开关管 VT_1 截止时，电感L通过续流二极管 VD_3 继续向负载释放能量。

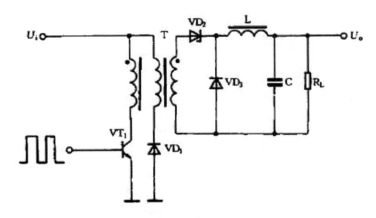

图 2-11 单端正激式开关电源

在电路中还设有钳位线圈与二极管 VD₂，它可以将开关管 VT₁ 的最高电压限制在两倍电源电压之间。为满足磁芯复位条件，即磁通建立和复位时间相等，所以电路中脉冲的占比不能大于 50%。由于这种电路在开关管 VT₁ 导通时，通过变压器向负载传送能量，所以输出功率范围大，可输出 50~200W 的功率。电路使用的变压器结构复杂，体积也较大，正因为这个原因，这种电路的实际应用较少。

3. 自激式开关稳压电源

自激式开关稳压电源的典型电路如图五 2-12。这是一种利用间歇振荡电路组成的开关电源，也是目前广泛使用的基本电源之一。

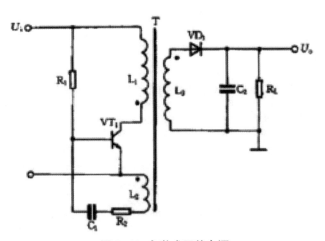

图 2-12 自激式开关电源

当接入电源后，R₁ 给开关管 VT₁ 提供启动电流，使 VT₁ 开始导通，其使电极电流 Ic 在 L1 中线性增长，在 L2 中感应出使 VT₁ 基极为正，发射极为负的正反馈电压，使 VT₁ 很快饱和。与此同时，感应电压给 C1 充电，随着 C1 充电电压的增高，VT₁ 基极电位逐渐变低，致使 VT₁ 退出饱和区，Ic 开始减小，在 L2 中感应出使 VT₁ 基极为负、发射极为正的电压，使 VT₁ 迅速截止，这时二极管 VD₁ 导通，高频变压器 T 初级绕组中的储能释放给负载。在 VT_1 截止时，L2 中没有感应电压，直流供电输入电压又经 R1 给 C1 反向充电，逐渐提高 VT_1 基极电位，使其重新导通，再次翻转达到饱和状态，电路就这样重复振荡下去。这里就像单端反激式开关电源那样，由变压器 T 的次级绕组向负载输出所需要的电压。

自激式开关电源中的开关管起着开关及振荡的双重作用，也省去了控制电路。电路中由于负载位于变压器的次级且工作在反激状态，具有输入和输出相互隔离的优点。这种电路不仅适用于大功率电源，亦适用于小功率电源。

4. 推挽式开关电源

推挽式开关电源的典型电路如图 2-13。它属于双端式变换电路，高频变压器的磁芯工作在磁滞回线的两侧。电路使用两个开关管 VT_1 和 VT_2，两个开关管在激励方波信号的控制下交替的导通与截止，在变压器 T 次级统组得到方波电压，经整流滤波变为所需要的直流电压。

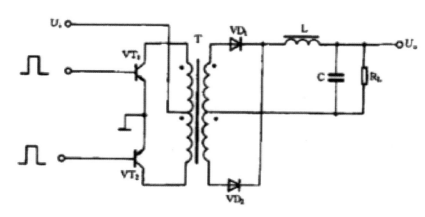

图 2-13 推挽式开关电源

这种电路的优点是两个开关管容易驱动，主要缺点是开关管的耐压要达到两倍电路峰值电压。电路的输出功率较大，一般在 100~500 W 范围内。

5. 降压式开关电源

降压式开关电源的典型电路如图 2-14 所示。当开关管 VT_1 导通时，二极管 VD_1 截止，输入的整流电压经 VT_1 和 L 向 C 充电，这一电流使电感 L 中的储能增加。当开关管 VT_1 截止时，电感 L 感应出左负右正的电压，经负载 RL 和续流二极管 VD_1 释放电感 L 中存储的能量，维持输出直流电压不变。电路输出直流电压的高低由加在 VT_1 基极上的脉冲宽度确定。

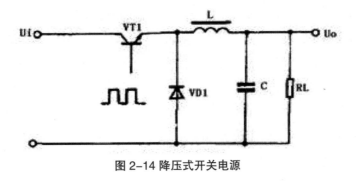

图2-14 降压式开关电源

这种电路使用元件少，它同下面介绍的另外两种电路一样，只需要利用电感、电容和二极管即可实现。

6. 升压式开关电源

升压式开关电源的稳压电路如图2-15所示。当开关管 VT_1 导通时，电感L储存能量。当开关管 VT_1 截止时，电感L感应出左负右正的电压，该电压叠加在输入电压上，经二极管 VD_1 向负载供电，使输出电压大于输入电压，形成升压式开关电源。

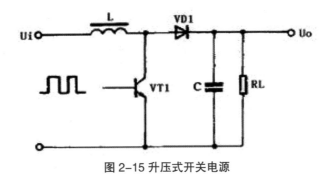

图2-15 升压式开关电源

7. 升降压式开关电源

这种电路无论开关管 VT_1 之前的脉动直流电压高于还是低于输出端的稳定电压时，电路均能正常工作。

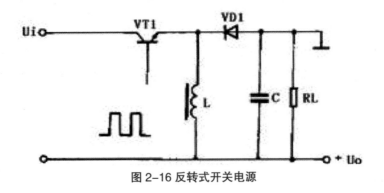

图2-16 反转式开关电源

当开关管 VT_1 导通时，电感L储存能量，二极管 VD_1 截止，负载RL靠电容C上次的充电电荷供电。当开关管 VT$_1$ 截止时，电感 L 中的电流继续流通，并感应出上负下正的电压，经二极管 VD$_1$ 向负载供电，同时给电容 C 充电。

以上介绍了脉冲宽度调制式开关稳压电源的基本工作原理和各种电路类型，在实际应用中，会有各种各样的实际控制电路，但无论如何，也都是从这些基础上发展出来的。

三、电源电路的保护措施

开关电源作为供电设备，除了性能要满足负载的要求外，其自身的保护措施也非常重要，如过电流 / 过负载保护、过电压保护、过温保护、短路保护等。一旦负载出现故障时，电源必须关闭其输出电压，才能保护设备、电路系统等不被烧毁，否则可能造成设备的进一步损坏，甚至引起操作人员的触电及火灾等现象，因此，开关电源的保护功能一定要完善。

常见的保护功能有：过电流 / 过负载保护、过电压保护、过温度保护、短路保护

短路保护　　　过温保护　　　过压保护　　　过载保护

图 2-17　电路保护功能种类

1. 过电流 / 过负载保护

过负载是指实际使用负载超过而定负荷，大多是因为用电设备增多，超过供电企业批准的使用容量或者超过电气线路设计使用容量，所以造成烧毁计量装置和电气设备。

过电流分为几种情况，过负荷会造成过电流，但是电气设备接地或者短路等故障也会造成过电流，不但可能造成烧毁计量装置和电气设备，也对人身有很大危害。

过电流 / 过负载保护是指电源输出电流超出额定电流时，保护电路动作，使输出功率降低或切断。过电流 / 过负载保护方式有多种形式。

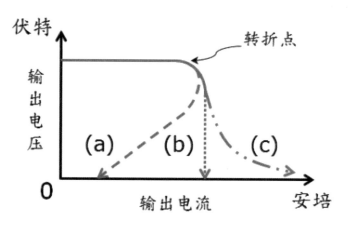

图 2-18 过流电路伏安特性曲线

（1）折叠限流 FOLDBACK CURRENT LIMITING

过负载时输出电流能力会下降，一般下降至 20% 额定电流以下，如图中曲线（a）。

（2）恒流限制 CONSTANT CURRENT LIMITING

过负载时电流保持于定义范围内，则输出电压会下降，如图中曲线 b。

（3）过功率限制 OVER POWER LIMITING

过负载时电流愈高，电压则比例愈低，如图中曲线 c。

（4）短路电流限制 HICCUP CURRENT LIMITING

过负载时，电压、电流快速下降并切断输出，但会自动恢复。

（5）关闭 SHUT OFF

过负载时会切断输出，输出电压与输出电流趋近于零。

2. 过电压保护

过电压保护指在开关电源输出电压异常的状况下，高于设定规格允许值，发生保护动作，避免损害负载端零件。

过电压保护线路大致分为两种：

(1) 利用回授控制将控制 IC 关闭；

(2) 采用"Crowbar"回路，将输出短路，形同短路保护模式。

3. 过温度保护

过温度保护是为了避免因环温过高、过载或电源供应器异常时（例如风扇损坏），造成内部温升过高，而损害电源内部零件或降低电源寿命。过温度保护时，需先排除故障原因，待内部温度降低后（一般需几分钟至几十分钟）自动恢复或重新开机。

4. 短路保护

当电源负载端短路时，为避免损坏电源，电源会自行保护并切断输出，当异常状态消除后，电源会自动恢复并继续正常输出。

四、开关电源的检修方法及注意事项

下面主要介绍开关电源常见故障，以及故障产生的原因和故障检修方法。

1. 保险丝熔断

（1）故障原因：保险丝熔断说明开关电源的内部电路存在短路或过流的故障。由于开关电源工作在高电压、大电流的状态下，直流滤波和变换振荡电路在高压状态工作时间长，电压变化相对大。电网电压的波动、浪涌都会引起电源内电流瞬间增大从而使保险丝熔断。

（2）维修方法：

1）元件外观检查。仔细查看电路板上各元件，观察这些元件的外表有没有被烧糊，有没有电解液溢出，闻一闻有没有异味。重点检查电源输入端的整流二极管、高压滤波电解电容、开关功率管、uc3842 本身及外围等。检查这些元器件有无击穿、开路、损坏、烧焦、炸裂等现象。

2）元件测量检查。首先测量电源输入端的电阻值，若小于200k，说明后端有局部短路现象；然后分别测量四只整流二极管正、反向电阻和两个限流电阻的阻值，看其有无短路或烧坏；之后再测量电源滤波电容是否能进行正常充放电；最后测量开关功率管是否击穿损坏，以及uc3842本身及周围元件是否击穿，烧坏等。

（3）注意事项：

因是在路测量，有可能会使测量结果有误，造成误判。因此必要时可把元器件焊下来再进行测量。如果没有上述情况发生，则可以测量一下输入电源线及输出电源线是否内部短路。

2. 无直流电压输出或电压输出不稳定

（1）故障原因：如果保险丝是完好的，在有负载的情况下，各级直流电压无输出，出现这种现象可能是由于电源中出现开路或者短路现象；过压、过流保护电路出现故障；振荡电路没有工作；电源负载过重；高频整流滤波电路中整流二极管被击穿或者滤波电容漏电等。

（2）维修方法：

1）首先用万用表测量一下高频变压器次级的各个元器件是否有损坏。

2）在排除了高频整流二极管击穿、负载短路的情况后，再测量各输出端的直流电压，如果这时输出仍为零，考虑是电源的控制电路出了故障。控制电路包括集成开关电源控制器和过压保护电路。

3）最后用万用表静态测量高频滤波电路中整流二极管及低压滤波电容是否损坏。如果确实相关的元件损坏，在更换好新的完好的元件后，开机测试，一般故障即可排除。

（3）注意事项：

电源输出线断线或开焊、虚焊也会造成这种故障。

3. 电源负载能力差

（1）故障原因：主要原因是各元器件老化、开关管的工作不稳定、没有及时进行散热、有稳压二极管发热漏电、整流二极管损坏等。

（2）维修方法：用万用表检查稳压二极管、高压滤波电容、限流电阻有无变质等，之后再检查电路板上的所有焊点是否开焊、虚接等。把开焊的焊点重新焊牢，更换变质的元器件，一般故障即可排除。

4. 有直流电压输出，但输出电压过高

（1）故障原因：可能是稳压取样和稳压控制电路出现故障。在开关电源中，直流输出、取样电阻、误差取样放大器（如lm324，lm358等）、光耦合器（pc817）、电源控制芯片(uc3842)等电路共同构成了一个闭合的控制环路，任何一处出问题都会导致输出电压升高。

（2）维修方法：

1）断开过压保护电路。由于开关电源中有过压保护电路，输出电压过高会使过压保护电路动作。因此可以通过断开过压保护电路，使过压保护电路不起作用,然后在进行测量。

2）测量开机瞬间的电源主电压。如果测量值比正常值高出 10V 以上，说明输出电压过高。着重检查取样电阻是否变值或损坏，精密稳压放大器 (tl431) 或光耦合器（pc817）性能不良，变质或损坏；其中精密稳压放大器 (tl431) 极易损坏，我们可用下述方法对精密稳压放大器 (tl431) 做出好坏的判别：将 tl431 的参考端 (ref) 与它的阴极（cathode）相连，串 10k 的电阻，接入 5v 电压，若阳极（anode）与阴极之间为 2.5v，并且等待片刻还仍然为 2.5v，则为好管，反之为坏管。

5. 有直流电压输出，但输出直流电压过低

（1）故障原因：

1）开关电源负载有短路故障。此时，应断开开关电源电路的所有负载，以区分是开关电源电路还是负载电路有故障。若断开负载电路电压输出正常，说明是负载过重；若仍不正常，说明开关电源电路有故障。

2）输出电压端整流二极管、滤波电容失效等，可以通过代换法进行判断。

3）开关功率管的性能下降，必然导致开关管不能正常导通，使电源的内阻增加，带负载能力下降。

4）开关功率管的源极（s极），通常接一个阻值很小，但功率很大的电阻，作为过流保护检测电阻，此电阻的阻值一般在 0.2 到 0.8 之间。此电阻如果变值、开焊或接触不良也会造成输出电压过低的故障。

5）高频变压器不良，不但造成输出电压下降，还会造成开关功率管激励不足而屡损开关管。

6）高压直流滤波电容不良，造成电源带负载能力差，一接负载输出电压便下降。

7）电源输出线接触不良，有一定的接触电阻，造成输出电压过低。

8）电网电压是过低。虽然开关电源在低压下仍然可以输出额定的电压值，但当电网电压低于开关电源的最低电压限定值时，也会使输出电压过低。

（2）维修方法：对于这种故障我们可以根据以上故障原因，来逐一进行排查。但在实际维修时，可根据实际情况来进行排查，不一定要逐一排查。

1）首先用万用表检查高压直流滤波电容是否变质，容量是否下降，能否正常充放电。

2）如无以上现象，测量开关功率管的栅极的限流电阻以及源极的过流保护检测电阻是否变值、变质或开焊、接触不良。

3）检查高频变压器的铁芯是否完好无损。因在日常生活使用中，不可避免的重摔或重撞，使高频变压器的铁芯损坏。使高频变压器的磁通量、磁感应强度，以及磁路等都会受到很大的影响，使传输的效率、能量将会大打折扣。

4）检查是否输出滤波电容容量降低，甚至失容或开焊、虚接；电源输出限流电阻值或虚接，电源输出线虚接等。

思考与练习

1. 即线性稳压电源和开关稳压电源的主要区别是什么？

2. 三端稳压器 78 系列和 79 系列的区别是什么？

3. 三端稳压器的优缺点有哪些？

4. 开关电源的种类有哪些？

5. 电路常见的保护功能有哪些？

第三章　LED 驱动电路及扫描控制

LED 是特性敏感的半导体器件，又具有负温度特性，因而在应用过程中需要对其进行稳定工作状态和保护，从而产生了驱动的概念。LED 是 3V 左右的低电压驱动，必须要设计复杂的变换电路，不同用途的 LED 灯，要配备不同的电源适配器。

由于受到 LED 功率水平的限制，通常需同时驱动多个 LED 以满足亮度需求，因此，需要专门的驱动电路来点亮 LED。

§3—1　驱动电路种类与 LED 的驱动电路

学习目标

1. 掌握 LED 驱动的工作原理。

2. 了解 LED 驱动电路的种类和方法。

3. 掌握 LED 驱动电路的分析方法。

对 LED 器件施加正向电压时，流过器件的正向电流使其发光。因此，LED 驱动的实质就是使 PN 结正偏，通过调节正向电流来控制 LED 的发光强度。

一、驱动电路种类

根据流过 LED 的电流性质，可将驱动方式分为恒压驱动、限流驱动、恒流驱动和脉冲驱动。

1. 恒压驱动

恒压驱动时，LED 两端电压保持基本恒定，但由于电压中存在纹波，使得 LED 电流随着电压的波动而波动。根据 LED 的伏安特性，微小的电压波动会引起 LED 电流的较大波动。另外，由于 LED 负温度效应的影响，电流波动有可能造成结温和电流的恶性循环，严重时甚至烧毁 LED。因此，LED 采用恒压驱动时，对驱动电源的恒压精度要求较高。

虽然恒压驱动对 LED 性能的影响较大，但是在电源技术的发展过程中，恒压技术相对恒流技术要成熟得多，而且在一些要求不高的场合可以通过简单而又经济的方法实现恒压（如采用稳压芯片 TL431），所以在一些低端 LED 驱动电源中仍然有少量应用。

2. 限流驱动

限流驱动是指将 LED 电流限制在设定范围以内的驱动方式。根据限流的实现方式，又可将其分为阻抗限流、饱和限流和分流限流。

阻抗限流通过在电流主回路中串入远大于 LED 负载等效阻抗的大阻抗，减少外界干扰对 LED 负载电流的影响，从而达到限流的目的。限流效果主要取决于串联阻抗的大小。该驱动方式结构简单，成本很低，但驱动性能不理想，特别是单纯采用电阻限流方案时，电阻上的大功耗使整机效率很低，只在小功率 LED 场合有少量应用。

有些元器件如 MOS 管、稳流二极管等，当满足一定条件时即进入饱和状态，随着输出端电压上升，电流几乎不变，将其与 LED 串联，可以限制流过 LED 的电流，即饱和限流。上述驱动方式可以达到较好的驱动性能，但由于过分依赖于元器件特性，而实际中同类元器件间的差异较大，较难大规模推广应用。

分流限流是指当 LED 电流超过预先设定的限定值时，辅助电路将接通，将超过的电流分流，从而使流过 LED 的电流基本保持不变，达到限流的目的。其典型电路有如下两种：如图 3-1 中（a）的分流支路与 LED 并联，图（b）的分流支路与 LED 串联。其他的分流限流电路都可以看成是上述两种典型电路的演变电路。

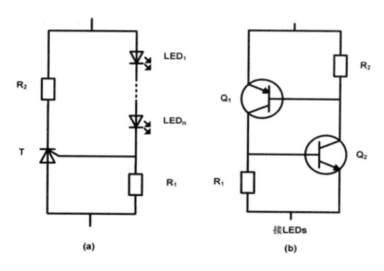

（a）并联限流电路 （b）串联限流电路
图 3-1 LED 分流限流电路

图（a）中 R1 与 LED 负载串联，电流正常时，LED 负载流过全部回路电流；当电流超过设定的限定值时，R1 上的电压上升，T 触发导通，使过量的电流经 R2 和 T 分流，从而维持 LED 电流在设定范围以内，图中 T 可以是半导体三极管、IC、半导体可控硅中的一种或多种组合。图（b）的整体电路与 LED 负载串联实现限流，电流正常时，Q2 截止，Q1 工作在饱和状态，电流经 Q1、R1 流向 LED；当电流超过限定值时，R1 两端电压升高，使 Q2 导通，Q1 逐渐退出饱和，两端电压升高，从而调节 LED 负载电压，并将多余的能量消耗在限流电路中，达到限流目的。

由于分流限流电路结构简单、成本低、可靠性高，在中小功率场合的应用较广泛，同时还可利用它来抑制和吸收电路中短暂的过饱和电流；但其串联在负载回路中的元件损耗较大，电路效率较低。

3. 恒流驱动

恒流驱动是指保持流过 LED 的电流恒定的驱动方式，当外界干扰使得电流增大或减小时，LED 电流都可以在恒流电路的调节作用下回到预设值。由于 LED 具有非线性 I-V 特性，小电压波动将引起电流的大波动，因此，采用恒流驱动 LED 可以达到较好的性能。

根据主功率器件的工作状态，可将恒流驱动分为线性恒流和开关恒流。

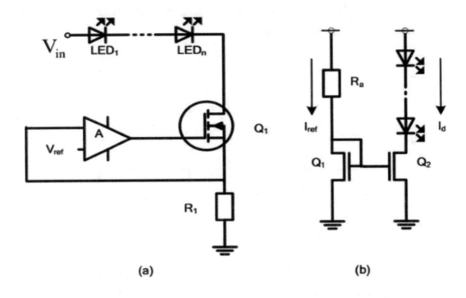

（a）线性恒流电路 （b）镜像恒流电路

图 3-2 LED 恒流驱动电路

在线性恒流电路中，主功率器件与 LED 负载串联，且工作在线性放大区，其典型电路图如图 3-2（a）所示。图中主功率器件为 NMOS 管 Q1，工作在线性放大区，由门极电压调节漏源极间电压，从而相应调节 LED 上的电压电流。图中 Q1 漏极与 LED 负载相连，电阻 R1 串联在主回路中，用于负载电流反馈，运算放大器 A 的反相输入端接电流反馈信号，正相输入端与预先设定的参考电压 Vref 相连，运算后得到相应的 Q1 门极控制信号，控制电阻 R1 上的电压恒定，即保持了 LED 负载电流恒定。

另一种典型的线性恒流电路是镜像恒流电路如图 3-2（b）所示，主功率管 Q2 也工作在线性放大区，该方式需先由恒流电路产生源电流，再通过镜像电路传递到负载，使负载电流保持恒定。

线性恒流稳流效果好，电路成本较低，且 EMI 小，在中小功率场合应用较广泛，但由于串联在电路主回路中的功率管工作在线性放大区，输出端电压较高，功率管上的损耗较大，加上采样电阻上的能耗，电路效率不高，因此在大功率场合较少应用。

与线性恒流不同，开关恒流中主功率管不直接与 LED 串联，工作在高速开关状态下，它主要利用目前较成熟的开关电源技术，通过采集 LED 回路的电流信号，反馈控制功率管的开关状态，使输出电流保持恒定。由于目前 LED 照明功率不高，在五百瓦以内，所以开关恒流 DC/DC 环节采用的电路拓扑主要有 Buck、Boost、Flyback、Forward 和半桥（LLC）等电路。

开关恒流稳流效果好，电路效率高，适用于大功率 LED 照明场合；但由于其电路结构较复杂，成本高，且 EMI 大，在中小功率场合较少应用。

4. 脉冲驱动

由于塑造电压波形比电流波形更容易，所以脉冲驱动一般是电压型脉冲驱动，即 LED 负载两端的电压是脉冲式的，在一个周期脉冲内，LED 点亮一段时间，熄灭一段时间，但由于人眼存在"视觉暂留"效应，当脉冲频率足够大时，如 100Hz 时，人眼会感觉 LED 一直处于"亮"状态，所以 LED 依然可以"连续"发光。

脉冲驱动的最基本驱动波形为方波，但为了提高 LED 的瞬态响应性能，可采用如图 3-3（a）的上下沿尖峰脉冲，如图 3-3（b）的为提高脉冲驱动发光效率的双电平波形和如图 3-3（c）的综合上述两个优势的多电平波形。

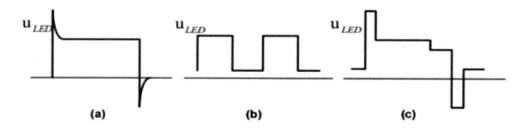

（a）脉冲上下沿尖峰　（b）双电平脉冲电流　（c）多电平脉冲电流
图 3-3 脉冲驱动波形

与其他直流驱动方式相比，脉冲驱动在调光性能方面具有显著优势，它可以在保持 LED 电压脉冲幅值基本不变情况下，通过调节脉冲占比实现光输出调节，调光性能灵活，同时 LED 峰值波长基本不漂移，颜色稳定性好；而其他直流驱动方式在调光时都需改变 LED 电流和电压幅值，会使 LED 峰值波长漂移，色温改变，严重时白光会变成发黄或发灰的白光。

但在发光效率方面，脉冲驱动的流明效率较恒流或小波动电流驱动时更低，在驱动电流平均值相等的条件下，高占比时发光效率与恒流相差不大，但随着占比减小，发光效率下降较大，在脉冲关断时间内给让 LED 承受一定的反向偏置电压，可以提高发光效率和 LED 的耐用性。

由于发光效率较低，驱动性能不如恒流驱动，所以目前 LED 脉冲驱动在实际应用较少。

二、LED 的驱动电路

1. LED 数码管的静态驱动

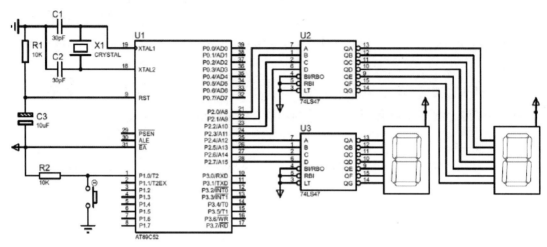

图 3-4 LED 数码管静态显示驱动电路

在静态驱动下，每颗 LED 是相互独立的。图 3-4 为 LED 数码管静态显示驱动电路。从图中可以看出两个数码管为共阳极数码管。每一颗 LED 与七段译码器 74LS74 的一个输出相连接，进行单独控制。静态驱动显示效果较好、稳定性好，但是线路连接相对比较复杂，而且占用 I/O 口较多，当需要驱动的 LED 较多时，控制器无法完成。

2. LED 数码管的动态扫描驱动

当 LED 数码管位数较多时，为了简化电路，可以将数码管所有位的相同段选端并接起来，由一个 8 位 I/O 端口控制。数码管的公共端用作位选端，接另一个 I/O 引脚。LED 数码管动态扫描驱动电路如图 3-5，由图可知，线路中使用了 P0 口和 P1 口，控制了 6 个数码管显示，与静态显示相比，线路简单，可以节省 I/O 口资源，但是动态扫描驱动的稳定性不如静态显示方式，且成本较低。

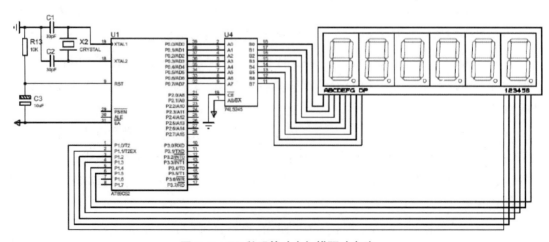

图 3-5 LED 数码管动态扫描驱动电路

§3—2 LED 显示屏用电子扫描控制器

学习目标

1. 了解线 LED 显示屏的驱动方法。

2. 掌握 LED 显示屏常用芯片的特点和使用方法。

3. 掌握 LED 显示屏驱动电路的分析方法。

LED 显示屏是由许多块单元板组成的，单元板之间采用级联的方式进行信号传输。在驱动 LED 显示屏过程中需要考虑驱动电源的带负载能力，通过计算获得所需电源数量；信号传输需要考虑信号接收卡的带负载能力，从而确定所需接收卡数量。本章节主要介绍单块单元板的控制方式。

一、LED 显示屏外观介绍

图 3-6 为 64x32 的 P4 全彩显示屏，显示屏正面为灯珠面，背面为控制面。灯珠面每行有 64 颗灯珠，每列有 32 颗灯珠，每一颗灯珠中有 RGB 三颗芯片。控制面是 PCB 面板，为扫描控制电路。

(a) LED 显示屏正面

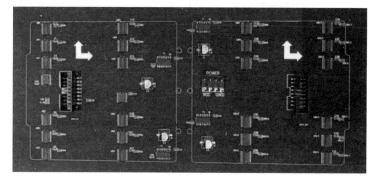

(b) LED 显示屏背面

图 3-6 LED 显示屏外观

二、扫描控制电路介绍

1. 芯片介绍

（1）信号放大和整型芯片

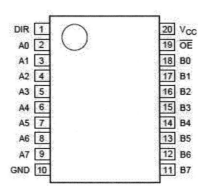

图 3-7 74HC245 芯片引脚图

74HC245 的作用是对输入信号进行信号数据的放大和整形，每个单元板都需要此类芯片。74HC245 是一款高速硅栅 CMOS 器件，其引脚兼容低功耗肖特基 TTL 系列。74HC245 是带三态控制的 8 路总线收发器，在发送和接收两个方向上都具有正相三态总线兼容输出。74HC245 的输出使终端可以轻松实现级联功能，而发送 / 接收输入端（DIR）用于控制传送方向。74HC245 芯片的引脚图如 3-7，引脚功能见表 3-1，真值表见表 3-2。

表 3-1 74HC245 引脚说明表

引脚	符号	功能	引脚	符号	功能
1	DIR	传输方向控制	11	B7	数据输入/输出
2	A0	数据输入/输出	12	B6	数据输入/输出
3	A1	数据输入/输出	13	B5	数据输入/输出
4	A2	数据输入/输出	14	B4	数据输入/输出
5	A3	数据输入/输出	15	B3	数据输入/输出
6	A4	数据输入/输出	16	B2	数据输入/输出
7	A5	数据输入/输出	17	B1	数据输入/输出
8	A6	数据输入/输出	18	B0	数据输入/输出
9	A7	数据输入/输出	19	$\overline{OE}$	使能输入（低有效）
10	GND	地（0V）	20	V_{CC}	电源电压

表 3-2 74HC245 真值表

输入		输出	
$\overline{OE}$	DIR	An	Bn
L	L	A=B	输入
L	H	输入	B=A
H	X	Z	Z

注：H=高电平   L=低电平   X=不考虑   Z=高阻态

（2）驱动芯片

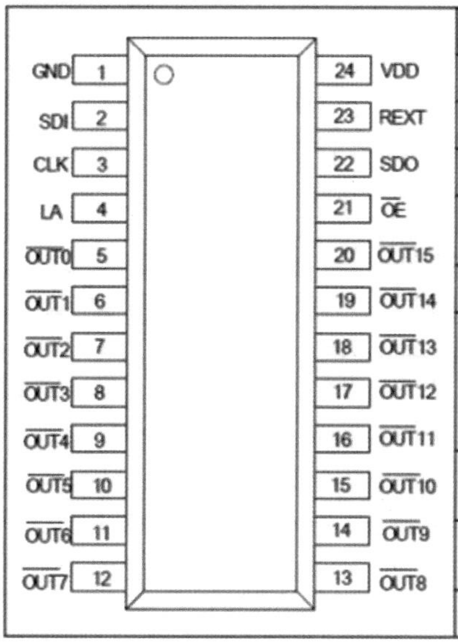

引脚序号	引脚定义	引脚名称
1	GND	芯片接地引脚
2	SDI	输入到移位寄存器的串行数据输入端
3	CLK	时钟信号输入端
4	LA	数据锁存输入端 LE 高电平时，数据被传入到锁存器中。
5-20	$\overline{OUT0}$—$\overline{OUT15}$	恒电流输出端
21	$\overline{OE}$	灰度阶时钟信号输入端。使用脉冲宽度和更高的频率调节实现更高的灰阶。控制OUT0~OUT15输出控制。
22	SDO	串行数据输出端，可接到下一个驱动芯片的SDI 端
23	REXT	外接调节电阻的输出端，可调节所有通道的输出电流大小
24	VDD	3.3V/5V 电源输入端

图 3–8　SM16016 芯片引脚说明

SM16106 是一款通用 16 通道 LED 恒流驱动芯片，内建 CMOS 移位寄存器与锁存功能，可以将串行的输入数据转换成并行输出数据格式。

SM16106 工作电压为 3.3V—5.0V，提供 16 个电流源，可以在每个输出端口提供 1mA—32mA 的恒定电流；且单颗 IC 片内输出电流差异小于 ±2.5%；多颗 IC 间的输出电流差异小于 ±3.5%；通道输出电流不随着输出端电压（VDS）的变化而变化；且电流受电压和环境温度影响的变化小于 1%；每个通道的输出电流大小由外接电阻来调节。引脚功能如图 3-8。

Note 1：当 LE 引脚设定为 L，锁存电路保持数据；当 LE 引脚设定为 H，则锁存电路不保持数据，数据直接输出。
当 $\overline{OE}$（GCLK）引脚为 L 时，$\overline{OUT0}$ 到 $\overline{OUT15}$ 输出引脚将变为 ON 和 OFF 以响应数据；设定 $\overline{OE}$（GCLK）引脚为 H，不论数据如何，所有输出引脚将为 OFF。当 $\overline{OE}$（GCLK）引脚为 L 时，可以传送数据并 latch 数据

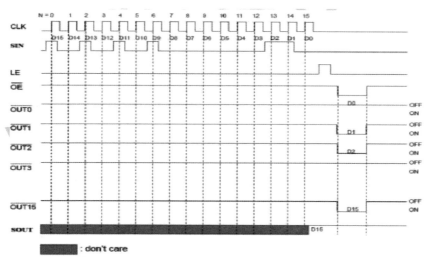

图 3–9　SM16016 芯片信号时序图

SM16106输出端口耐压可达+15V，因此可以在每个输出端串接多个LED灯；另外，SM16106高达25MHz的时钟频率可以满足系统对大量数据传输的需求。输出电流外部Rext电阻可调。时序图如图3-9。

（3）行驱动芯片

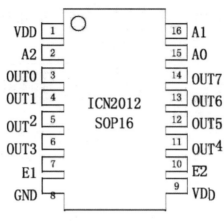

图3-10 ICN2012芯片引脚图

ICN2012是一款转为LED扫描屏设计的行驱动管，集成138译码电路及功率PMOS管。内部集成防烧功率管、消上鬼影、LED灯珠保护等功能。有三个地址输入端A0、A1、A2控制8个有效译码为高的输出端OUT0-OUT7。ICN2012引脚图如图3-10，功能说明见表3-3。

表3-3 ICN2012引脚说明

Pin名称	功能说明	管脚号
OUT0~OUT7	P-mosfet输出	3,4,5,6,11,12,13,14
A0~A2	数据输入	15,16,2
E1，$\overline{E2}$	使能控制	7,10
VDD	电源	1,9
GND	地	8

2. 电路分析

图3-11为LED显示屏单元板的局部扫描驱动电路，信号输入输出接口采用HUB75E。

输入信号通过HUB75E接入后，连接到74HC245芯片U3和U4。74HC245芯片的19脚（使能端OE）接低电平，1脚（DIR）接高电平，数据传输方向为A=B。对输入信号进行放大和整型后依次输出。

ICN2012芯片共有八个输出口，所以每颗芯片可以控制八行，共需要的驱动芯片数量为4(32/8=4)颗。

由电路图可知，ICN2012芯片U5和U6的数据输入端A0、A1、A2分别接输入信号A、B、C，在每个时钟CLK周期通过A、B、C的值依次打开输出端OUT0-OUT7，输入信号 D 与 U5 的 E2 和 U4 的 E1 相接，当输入 D 为 0 时，U3 工作，当 D 为 1 时 U4 工作。这样就可以保证第一列到第 16 列依次导通。

SM16106 芯片共有 16 个并行输出口，所以一颗芯片可以驱动 16 列，而单元板为全彩屏，每一颗 LED 需要 R、G、B 三组数据，所以 64 列共需要芯片数 12（64/16*3=12）颗。输入信号数据有 R1G1B1 和 R2G2B2 两组数据，单元板为 16 扫，所以单元板的驱动分为上下两部分，所需列驱动芯片的个数为 24（12*2=24）颗。

输入信号 R1 接在 U1R 的串行输入端，在每个 CLK 周期内依次将第 1 到第 16 个数据输出，当 LE 信号为高电平时将灰度信号从 OUT0-OUT15 输出。当第 16 个 CLK 信号上升沿到来时，LE 信号变为高电平，灰度信号直接通过串行输出端 SDO 输出到下一颗芯片的串行输入端 SDI，完成级联。G1 信号和 B1 信号采用同样的方式进行传输。

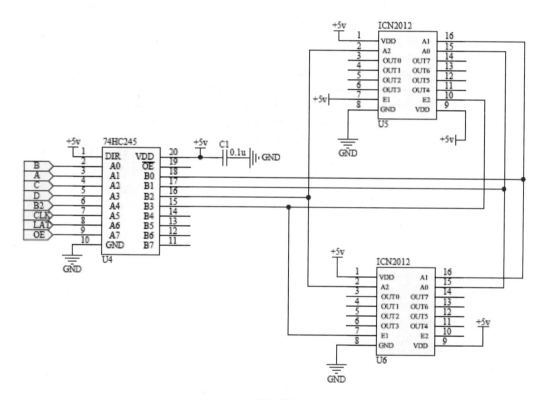

(a) 行扫描电路

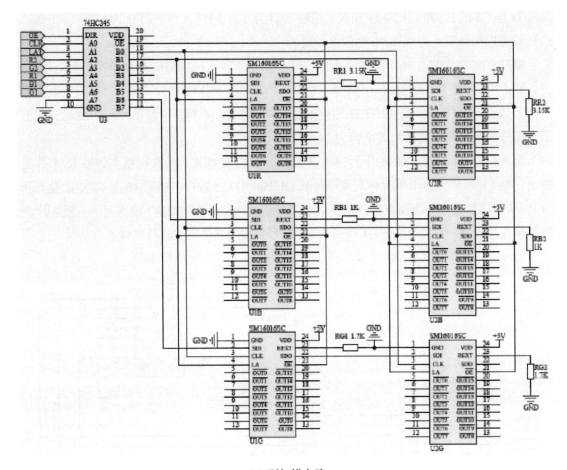

(b) 列扫描电路

图 3-11 LED 显示屏单元板的局部扫描驱动电路

思考与练习

1. LED 的驱动方式分为哪几种？

2. 脉冲驱动的特点是什么？

3. 恒压驱动的缺点是什么？

4. 恒流驱动的特点是什么？

5. 在 LED 显示屏驱动中，芯片 74HC245 的作用是什么？

第四章 LED 显示屏技术参数测试及辅助设计

随着 LED 显示屏在各个领域的广泛应用，越来越多的人开始熟悉并使用 LED 显示屏，那么如何判断显示屏的品质高低，从而选择适合自己的高性价比产品，这就需要我们在掌握 LED 显示屏的基本技术指标的基础上，主要从显示屏的功能及性能两个方面来鉴别它的品质等级。其次，行业用户还需了解 LED 显示屏辅助设计，能让 LED 显示屏在各种环境下使用更加安全和可靠。

§4—1 LED 显示屏技术参数测试

学习目标

1. 了解 LED 显示屏的测试标准。

2. 掌握 LED 显示屏技术通用规范及测试方法。

4.1.1 LED 显示屏的测试标准

学习目标

1. 了解 LED 显示屏相关国家标准。

2. 了解 LED 显示屏相关行业标准。

3. 了解 LED 显示屏相关团体标准。

4. 了解 LED 显示屏相关地方标准。

在中国境内销售和使用的 LED 显示屏应符合相应的测试标准，LED 显示屏测试标准有国家标准、行业标准、团体标准和地方标准几种，根据产品性质的不同、使用场合的不同选择不同的测试标准。

注：若 LED 显示屏厂家要出口海外市场，首要解决的就是市场准入的问题。所谓的市场准入就是说进入某国和地区的产品以及服务要符合该国、地区的相关规定和标准，方可在市场上流通销售。LED 显示屏产品认证是进入国际市场的敲门砖，不同国家和地区的产品认证标准是不一样的。

一、国家标准

中华人民共和国国家标准，简称国标，是包括语编码系统的国家标准码，由在国际标准化组织（ISO）和国际电工委员会（或称国际电工协会，IEC）代表中华人民共和国的会员机构：国家标准化管理委员会发布。在 1994 年及之前发布的标准，以 2 位数字代表年份。由 1995 年开始发布的标准，标准编号后的年份，才改以 4 个数字代表。强制标准冠以"GB"。推荐标准冠以"GB/T"。目前关于 LED 显示屏的国家标准有：

1.《GB4943.1-2011 信息技术设备 安全 第 1 部分：通用要求》

该标准为国家强制标准，是为了减少操作人员和可能与设备接触的外行人员遭受着火、电击或伤害的危险。该标准也旨在减少被安装的设备在按照制造厂商所规定的方法进行安装、操作和维修时的危险。

2.《GB/T 29458-2012 体育场馆 LED 显示屏使用要求及检验方法》

该标准为国家推荐检测标准，规定了体育场馆用 LED 显示屏的分类、要求、检验方法及合格判定规则。该标准适用于固定安装在体育场、综合体育馆和游泳跳水馆的 LED 显示屏，其他类型场馆的显示屏可参考使用。该标准不适用于移动式计时记分系统的专用显示屏和场馆内引导方向的显示屏。

3.《GB/T 36101-2018 LED 显示屏干扰光评价要求》

该标准为国家推荐检测标准，规定了 LED 显示屏夜间干扰光的分类和评价规则，适用于 LED 显示屏对居民和机动车驾驶人员的夜间干扰光的评价，LED 显示屏昼间干扰光不作要求。

4.《GB/T 34973-2017 LED 显示屏干扰光现场测量方法》

该标准为国家推荐检测标准，规定了 LED 显示屏干扰光的现场测量方法，适用于 LED 显示屏，其他显示设备可参考执行。

二、行业标准

在全国某个行业范围内统一的标准。行业标准由国务院有关行政主管部门制定，并报国务院标准化行政主管部门备案。当统一内容的国家标准公布后，则该内容的行业标准即行废止。

行业标准由行业标准归口部门统一管理。行业标准的归口部门及其所管理的行业标准范围，由国务院有关行政主管部门提出申请报告，国务院标准化行政主管部门审查确定，并公布该行业的行业标准代号。目前关于 LED 显示屏的行业标准有：

1.《SJT 11141-2017 发光二极管（LED）显示屏通用规范》

本规范规定了 LED 显示屏的术语和定义、分类、技术要求、检验方法、检验规则、以及标志、包装、运输和贮存要求。

2.《SJT 11281-2017 发光二极管 (LED) 显示屏测试方法》

本方法规定了发光二极管（LED）显示屏的机械、光学、电学等主要技术性能参数的测试方法。

3.《SJ/T 11461.3-2016 有机发光二极管显示器件 第 3 部分：显示屏分规范》

本规范适用于有机发光二极管显示屏，它给出了评定有机发光二极管显示屏所需的质量评定程序、检验要求、筛选序列、抽样要求、试验和测试方法的细节。

4.《SJ/T 11711-2018 室内用 LED 显示屏多媒体系统验收规范》

本规范规定了室内用发光二极管（LED）显示屏和 LED 显示屏多媒体系统的要求、验收流程、验收检验条件、验收检验方法和验收规则。

本标准适用于 LED 显示屏和显示系统的设计、采购、施工及验收。

5.《SJ/T 11406-2009 体育场馆用 LED 显示屏规范》

本规范规定了体育场馆使用 LED 显示屏的定义、分类与分档、技术要求、试验方法、检验规则、标志、包装、运输及贮存。本规范适用于体育场馆用 LED 显示屏的设计、制造、质量检验、安装和验收。本规范不包括体育场馆内引导方向的显示屏和计时记分系统内的显示屏。

6.《TY/T 1001.1-2005 体育场馆设备使用要求及检验方法 第 1 部分：LED 显示屏》

本部分规定了体育场馆使用 LED 显示屏的定义、分类、使用要求、检验方法及合格判定规则。本部分适用于田径场、体育馆、游泳馆、跳水馆的 LED 显示屏，其他体育场馆可参考执行。

7.《GA/T 742-2016 移动式 LED 道路交通信息显示屏》

本标准规定了移动式 LED 道路交通信息显示屏的要求、试验方法、安装要求、检验规则以及标志、包装、运输和贮存要求。

本标准适用于移动式 LED 道路交通信息显示屏产品的设计、制造、检验和安装。

8.《SJ/T 11590-2016 LED 显示屏图像质量主观评价方法》

本标准规定了 LED 显示屏图像质量主观评价方法。

本标准适用于由计算机播控的以显示视频图像、动画、图片内容为主的室内外全彩色 LED 显示屏图像质量的主观评价。

本标准不适用于可变信息标志、城市交通诱导标志、银行及证券行情等以文字信息为主的 LED 显示屏。

三、团体标准

由团体按照团体确立的标准制定程序自主制定发布，由社会自愿采用的标准。团体是指具有法人资格，且具备相应专业技术能力、标准化工作能力和组织管理能力的学会、协会、商会、联合会和产业技术联盟等社会团体。目前关于 LED 显示屏的团体标准有：

1.《T/ZZB 1510-2020 户外 LED 全彩显示屏》

本标准规定了户外 LED 全彩显示屏的术语和定义、分类、基本要求、技术要求、检验方法、检验规则、标志、包装、运输和贮存以及质量承诺。

本标准适用于以显示文字、图文、视频内容为主，全天户外 LED 全彩显示屏。

2.《T/ZZB 0741-2018 室内小间距 LED 显示屏》

本标准规定了室内小间距 LED 显示屏的术语和定义、分类、基本要求、技术要求、检验方法、检验规则、标志、包装、运输和贮存以及质量承诺。

本标准适用于以显示视频图像、动画、图片、文字等内容为主，像素间距不大于 2.5mm 的全彩色室内小间距 LED 显示屏。

3.《T/ZZB 1907-2020 室内全彩 LED 透明显示屏》

本文件规定了室内全彩 LED 透明显示屏的术语和定义、分类、基本要求、技术要求、检验方法、检验规则、标志、包装、运输和贮存以及质量承诺。

本文件适用于室内安装的，屏体结构为镂空状，呈现透明效果的全彩色 LED 显示屏。

4.《T/SLDA 01-2020 Mini LED 商用显示屏通用技术规范》

本规范规定了 Mini LED 商用显示屏的术语和定义、分类、技术要求、检验方法、检验规则以及标志、包装、运输和贮存要求。

5.《T/CSMPTE 2-2016 演播室用 LED 显示屏技术要求和测量方法》

本标准规定了演播室使用 LED 显示屏的技术要求和测量方法。对于能够确保同样测量不确定程度的任何等效测量方法也可采用。本标准适用于演播室用 LED 显示屏的研发、生产、应用、测试和运行维护。

四、地方标准

地方标准是由地方(省、自治区、直辖市)标准化主管机构或专业主管部门批准、发布、在某一地区范围内统一的标准。我国地域辽阔，各省、市、自治区和一些跨省市的地理区域，其自然条件、技术水平和经济发展程度差别很大，对某些具有地方特色的农产品、土特产品和建筑材料，或只在本地区使用的产品，或只在本地区具有的环境要素等，有必要制订地方性的标准。制订地方标准一般有利于发挥地区优势，有利于提高地方产品的质量和竞争能力，同时也使标准更符合地方实际，有利于标准的贯彻执行。但地方标准的范围要从严控制，凡有国家标准、专业(部)标准的不能制定地方标准，军工产品、机车、船舶等也不宜制定地方标准。目前关于 LED 显示屏方面的地方标准有：

1. 福建省地方标准《DB35/T 1304-2017 LED 显示屏技术规范》和《DB35/T 1968-2021 LED 显示屏现场测量方法》

2. 北京市地方标准《DB11/T 1273-2015 LED 交通诱导显示屏技术要求》

3. 吉林省地方标准《DB22/T 2648-2017 公路工程应用 LED 显示屏指南》和《DB22/T

3121-2020 COB 小间距 LED 显示屏环境试验技术规范》

4. 上海市地方标准《DB31/T 708-2013 公共场所发光二极管（LED）显示屏最大可视亮度限值和测量方法》

4.1.2　LED 显示屏技术通用规范及测试方法

 学习目标

1. 了解 LED 显示屏测试规范中的术语定义。

2. 掌握 LED 显示屏的分类方法。

3. 掌握 LED 显示屏的通用测试方法。

LED 显示屏技术通用规范及测试方法规定了 LED 显示屏的定义、分类、技术要求、检验方法、检验规则及标志包装运输贮存要求，它是 LED 显示屏产品设计、制造、安装、使用、质量检验和制订各种技术标准、技术文件的主要技术依据。

一、术语定义

1. LED 显示屏

英文为：LED panel 指通过一定的控制方式，用于显示文字、文本、图形、图像、动画、行情等各种信息以及电视、录像信号并由 LED 器件阵列组成的显示屏幕。

2. 显示单元

英文为：display unit　指由电路及安装结构确定的并具有显示功能的组成 LED 显示屏的最小单元。

3. 致命不合格

英文为：critical defect 指对使用、维护产品或与此有关的人员可能造成危害或不安全状况的不合格，或单位产品的重要特性不符合规定或单位产品的质量特性严重不符合规定。

4. 失控点

英文为：out-of-control point 指发光状态与控制要求的显示状态不相符并呈离散斑的 LED 基本发光点。

5. 伪彩色 LED 显示屏

英文为：pseudo-color LED panel 指在显示屏的不同区域安装不同颜色的单基色 LED 器件构成的 LED 显示屏。

6. 全彩色 LED 显示屏

英文为：all-color LED panel 指由红、绿、蓝三基色 LED 器件组成并可调出多种色彩

的 LED 显示屏。

二、LED 显示屏分类

1. 按使用环境分类

LED 显示屏按使用环境分为室内 LED 显示屏和室外 LED 显示屏。

2. 按显示颜色分类

LED 显示屏按显示颜色分为单基色 LED 显示屏（含伪彩色 LED 显示屏），双基色 LED 显示屏和全彩色（三基色）LED 显示屏。按灰度级又可分为 16、32、64、128、256 级灰度 LED 显示屏等。

3. 按显示性能分类

LED 显示屏按显示性能分为文本 LED 显示屏、图文 LED 显示屏，计算机视频 LED 显示屏，电视视频 LED 显示屏和行情 LED 显示屏等。行情 LED 显示屏一般包括证券、利率、期货等用途的 LED 显示屏。

4. 按 LED 单点直径分类

基本发光点非行情类 LED 显示屏中，室内 LED 显示屏按采用的 LED 单点直径可分为 Φ3mm、Φ375mm、Φ5mm、Φ8mm 和 Φ10mm 等显示屏；室外 LED 显示屏按采用的像素直径可分为 Φ19mm、Φ22mm 和 Φ26mm 等 LED 显示屏。

三、LED 显示屏的使用要求

1. LED 显示屏的硬件使用环境

LED 显示屏硬件部分包括根据 LED 显示屏种类、面积、使用现场等条件确定的通用计算机部分、通讯线、专用数据转换部分及显示部分。在详细规范中应说明：

（1）对计算机主机、各种选配插卡、外部设备及通信接口要求；

（2）对通讯线的要求并注明最大通讯距离；

（3）数据转换部分与计算机主机的通讯方式；

（4）供电要求及结构安装要求。

2. LED 显示屏的软件使用环境

对不同性能的 LED 显示屏应配置能满足其显示功能要求的显示软件，该软件具有以下功能：

（1）符合系列化、标准化要求，能向下兼容；

（2）采用在详细规范中规定的操作系统和语言；

（3）配有完善的自检程序和根据需要配备各种级别的诊断程序；

（4）对特殊用途的 LED 显示屏配备其相应的专用软件。

3. 结构和外观

（1）结构：LED 显示屏部分可采用钢、铝、木等材料。要求结构坚固、美观。

（2）外观：LED 显示屏外框无明显划痕。室外 LED 显示屏像素管安装应一致、无松动。

4. 要求

（1）安全要求

① LED 显示屏有保护接地端子。

②安全标记

a LED 显示屏保护接地端子应有标记。

b LED 显示屏在熔断器和开关电源处应有警告标志。

③对地漏电流：LED 显示屏的对地漏电流应不超过 3.5mA（交流有效值）。

④抗电强度：LED 显示屏可 50Hz、1500V（交流有效值）的试验电压 1min 不应发生绝缘击穿。

⑤温升 LED 显示屏正常使用时在达到热平衡后金属部分的温升不超过硬 45K，绝缘材料的温升不超过 70K。

（2）性能要求

①文本 LED 显示屏和图文 LED 显示屏应具有在详细规范中规定的移入移出方式及显示方式。

②计算机视频 LED 显示屏应具有：动画功能，要求 LED 显示屏动画显示与计算机显示器相对应区域显示一致；文字显示功能，要求文字显示稳定、清晰无串扰；灰度功能，要求具有在详细规范中规定的等级灰度；电视视频 LED 显示屏除具有动画、文字显示、灰度功能外，应可放映电视、录像画面；行情 LED 显示屏具有与其相应的行情显示能力。

（3）均匀性要求

应在详细规范中规定对 LED 显示屏均匀性的要求。

（4）失控点要求

室内 LED 显示屏的失控点不大于万分之三，室外 LED 显示屏的失控点应不大于千分之三，且为离散斑。

（5）供电电源要求

LED 显示屏的供电电源为 220W ± 10%，50Hz ± 5% 或是 80V ± 10%，50Hz ± 5%，应在详细规范中规定各类 LED 显示屏单位显示面积的最大功耗或 LED 显示屏中功耗。

（6）环境适应性要求

①温度：室内屏的环境温度为：工作环境低温 0℃，高温 +400℃，贮存环境低温 -400℃，高温 +600℃；室外屏的环境温度为：工作环境低温可选 -200℃，-100℃，高温 +500℃，贮存环境低温 -400℃，高温 +600℃。

②湿热：在最高工作温度时，LED 显示屏应能在相对湿度为 90% 的条件下正常工作。

③振动：LED 显示屏应承受汽车、火车、飞机等运输、装卸、搬运中受到的振动。车载屏应能在所安装的车辆运行中正常工作。

④运输：LED 显示屏可使用汽车、火车、飞机等普通运输工具运输。

⑤可靠性要求：LED 显示屏显示单元的平均无故障工作时间不低于 10000h。

4.LED 显示屏的检测方法

1、LED 显示屏的硬件使用环境

用目测方式检查 LED 显示屏的硬件使用环境，应符合 SJ/T 11141-2017 5.1.1 的要求。

2、LED 显示屏的软件使用环境

用目测方式检查 LED 显示屏的软件使用环境，应符合 SJ/T 11141-2017 5.1.2 的要求。

3、结构与外观

用目测方式检查 LED 显示屏的结构与外观，应符合 SJ/T 11141-2017 5.1.3 的要求。

4、安全要求

（1）接地：用目测方式检查 LED 显示屏，应满足 SJ/T 11141-2017 5.7.2 的要求。

（2）安全标记：用目测方式检查 LED 显示屏的安全标记，应满足 SJ/T 11141-2017 5.7.3 的要求。

（3）对地漏电流：在 1.1 倍额定电源电压下，测试 LED 显示屏电源线对金属外框间的对地漏电流，应满足 SJ/T 11141-2017 5.7.4 的要求。

（4）抗电强度：LED 显示屏电源开关处于通的位置，在电源输入端与金属外框或可触及的金属结构件间施加 1500V（交流有效值），1min，应满足 SJ/T 11141-2017 5.7.5 的要求。

（5）温升：LED 显示屏在工作一小时后用点温计测试各可触及点温度，应满足 SJ/T 11141-2017 5.7.6 的要求。

5. 性能特性

根据 LED 显示屏的不同种类，对 LED 显示屏的性能特性进行检查，应满足 5.5 的要求。对文本、图文 LED 显示屏使用显示测试软件通过目测检查移入移出方式及显示方式。对计算机视频 LED 显示屏通过目测，用放映计算机动画进行对比检查动画功能，用 LED 显示屏与计算机监视器进行对检查文字显示功能，用专用测试软件检查其灰度功能。对电视视频 LED 显示屏除进行上述动画、文字、灰度功能检查外，还应有视频源检查电视、录像功能。对各种行情 LED 显示屏，应使用相应测试软件检查其行情显示功能。

6. 均匀性

用目测方式检查 LED 显示屏的均匀性，应满足 SJ/T 11141-2017 5.10.3 的要求。

7. 失控点

用目测方式检查 LED 显示屏的失控点，应满足 SJ/T 11141-2017 6.12.3 的要求。

8. 供电电源

用瓦特表测量 LED 显示屏的供电电源功率，应满足 SJ/T 11141-2017 5.13 的要求。

9、环境适应性

（1）高温负荷试验

高温负荷试验按 GB2423.2 的规定对显示单元进行。对室内屏在（40±2）℃条件下，对室外屏在（50±2）℃条件下通电工作 8h，每小时进行一次检查。对文本 LED 显示屏和图文 LED 显示屏检查移入移出方式、显示方式、均匀性及失控点。对计算机视频和电视视频 LED 显示屏检查动画功能、文字显示功能、灰度功能、均匀性及失控点。对行情 LED 显示屏进行行情显示功能检查。应满足 SJ/T 11141-2017 5.15 的要求。

（2）高温存贮试验

高温存贮试验按 GB2423.2 的规定对显示单元进行。在（60±2）℃条件下存贮 4h，在室温条件下恢复 4h 后，对文本 LED 显示屏和图文 LED 显示屏检查移入移出方式、显示方式、均性及失控点。对计算机视频和电视视频 LED 显示屏检查动画功能、文字显示功能、灰度功能、均匀性及失控点。对行情 LED 显示屏进行行情显示功能检查。应满足 SJ/T 11141-2017 5.15 的要求。应满足 SJ/T 11141-2017 5.15 的要求。

（3）温热负荷试验

温热负荷试验按 GB/T 2423.3 的规定对显示单元进行。对室内屏在（40±2）℃，相对湿度为 87%—93% 的条件下，对室外屏在（50±2）℃，相对湿度为 87%—93% 的条件下通电工作 8h，每小时进行一次查定。对文本 LED 显示屏和图文 LED 显示屏检查移入移出方式、显示方式、均匀性及失控点。对行情 LED 显示屏进行行情功能检查。应满足 SJ/T 11141-2017 5.15 的要求。

（4）环境适应性—恒定湿热试验

恒定湿热试验按 GB/T 2423.3 的规定对显示单元进行。对室内屏在（40±2）℃，相对湿度为 87%—93% 的条件下，对室外屏在（50±2）℃，相对湿度为 87%-93% 的条件下存贮 48h。存贮试验结束后，立即进行对地漏电流、抗电强度和温升的测量，应满足 5.4.3、5.4.4、5.4.5 的要求。再在室温环境下恢复 4h 后，对文本 LED 显示屏和图文 LED 显示屏检查移入移出方式、显示方式、均匀性及失控点。对计算机视频和电视视频 LED 显示屏检查移入移出方式、显示方式、均匀性及失控点。对计算机视频和电视视频 LED 显示屏检查动画功能、文字显示功能、灰度功能、均匀性及失控点。对行情 LED 显示屏进行行情显示功能检查。应满足 SJ/T 11141-2017 5.15 的要求。

（5）振动试验

振动试验 GB6587.4 的规定对显示单元进行。在振动频率 5Hz-55Hz-5Hz，振幅为 0.19mm 的条件下，5min 扫描一次，两个方向，每个方向扫描二次。试验结束后，对文本 LED 显示屏和图文 LED 显示屏和图文 LED 显示屏检查移入移出方式.显示方式.均匀性及失控点。对计算机视频和电视视频 LED 显示屏检查动画功能.文字显示功能.灰度能.均匀性及失控点。对行情 LED 显示屏和图文 LED 显示屏进行行情显示功能检查。应满足 SJ/T 11141-2017 5.15 的要求。

（6）运输试验

运输试验按 GB6587.6 规定的士级流通条件对显示单元进行。试验结束后，对文本 LED 显示屏和图文 LED 显示屏检查移入移出方式 . 显示方式 . 均匀性及失控点。对计算机视频和电视视频 LED 显示屏检查动画功能 . 文字显示功能 . 灰度功能 . 均匀性及失控点。对行情 LED 显示屏进行行情显示功能检查。对车载移动工作的 LED 显示屏，应进行现场运输试验。应满足 SJ/T 11141-2017 5.15 的要求。

（7）可靠性试验

LED 显示屏的检验项目和要求

试验项目	鉴定检验		质量一致性检验			技术要求（章节号）	检验方法（章节号）
	设计	生产	A 组	C 组	F 组		
硬件使用环境污染	●	●	●	--	--	5.1	6.1
软件使用环境	●	●	●	--	--	5.2	6.2
外观及结构	●	●	●	--	--	5.3	6.3
安全要求	●	●	●	--	--	5.4	6.4
性能特性	●	●	●	--	--	5.5	6.5
均匀性	●	●	●	--	--	5.6	6.6
失控点	●	●	●	--	--	5.7	6.7
供电电源	●	●	●	--	--	5.8	6.8
环境	●	●	--	●	--	5.9	6.9
可靠性	●	●	--	--	●	5.10	6.10
现场使用	●	○	--	--	--	按企标	按企标

●为必须进行检验的项目；○为可以选择进行检验的项目；-- 为不进行检验的项目。

（8）合格判据

在前面的检验中，允许出现二次非致命不合格，超过者判为不合格。

5. 检测规则

（1）A 组检验

①A 组检验为 LED 显示屏基本要求的检验；

②A 组检验的项目按表达式的规定。LED 显示屏需逐套进行检验。对任一项不合格的产品均需退回生产部分修复后，重新提供检验；

③A 组检验由 LED 显示屏制作单位质量检验部门或委托质量检验单位负责进行，订货方可派代表参加；

（2）C 组检验

①C 组检验为环境适应性检验；

②批量生产的产品，生产间断时间大于 1 个月时，每批都应进行环境适应性检验，连续生产的产品每年进行一次环境适应性检验。改变设计 . 工艺 . 主要元器件及材料时，要进行环境适应性检验；

③环境适应性检验由 LED 显示屏制作单位质量检验部门或委托质量检验单位负责进

行，在质量一致性 A 组检验合格的显示单元中随机抽取成套，进行环境适应性检验；

④在环境适应性检验整个过程中允许出现二次非致命不合格，经修复后从出现不合格的项目起继续进行检验，对环境适应性检验不合格的 LED 显示屏，禁止出厂，并需对全部在制品和成品进行重新检验，找出总是原因后重新进行环境适应性检验；

⑤经环境适应性检验的样品应印有标记，不应作为正品出厂。

（3）F 组检验

①F 组检验为可靠性试验。采用 GB11463 规定的序贯截尾试验方案 2-3；

②批量生产的产品，每年都应进行可靠性试验，连续生产的产品两年进行一次可靠性试验，改变主要设计．工艺．主要元器件及材料时要进行可靠性试验；

③可靠性试验由 LED 显示屏制作单位质量检验部门或委托质量检验单位负责进行。在质量一致性检验合格的显示单元中按 GB11463 的要求抽取样本，进行可靠性试验。

④对可靠性试验不合格的 LED 显示屏，禁止出厂。并需对全部在制品和成品进行重新检验。找出总是原因后重新进行可靠性试验。

（4）质量合格判定

第一项检验均应符合本规范要求，A-F 组检验均应合格。质量一致性检验合格。

6. 标志．包装．运输．贮存

（1）标识

①产品标志

A 应在 LED 显示屏的适当位置上安装铭牌。

B 铭牌须包含下列内容

a) 商标

b) 产品名称或型号

c) 制造厂名

②包装标志 LED 显示屏外包装箱的标志应符合 GB6388 的要求

A 产品型号与名称

B 商标

C 制造厂名

D 有"向上"、"小心轻放"、"怕湿"等图示标志，这些标志应符合 GB191 的规定

E 标明产品数量、毛重及装箱日期

（2）包装

①用符合外包装标志规定的包装箱包装

②包装需符合防潮、防振、防腐要求

③每批包装箱中应在标定的箱中装有产品检验合格证明、装箱单、备件附件清单及随

机的文件清单

（3）运输

包装好的产品可用任何交通工具运输，但运输过程应避免雨淋袭、太阳久晒、接触腐蚀性气体及机械损伤。

（4）贮存

LED显示屏贮存温度范围0~400℃，相对湿度不大于80%，周围环境无酸碱及腐蚀性气体，且无强烈的机械振动、冲击及强磁场作用。

§4—2 LED显示屏辅助设计

目前LED显示屏应用的领域越来越广泛，使用环境千差万别，对显示屏的环境适应性、质量、寿命要求越来越高，需要对显示屏的安全防护措施采取更进一步的合理设计。LED显示屏作为集成电子产品，它主要由LED光电器件、电子器件构成的控制板、开关电源、结构件等构成。这些构成要素与使用环境存在着密不可分的关联性，直接影响到产品的寿命、质量、可靠性。使用环境的构成要素分别为温度、湿度、尘埃、腐蚀性气体、以及电磁辐射，这些要素直接与显示屏的防护措施相关联。

学习目标

1. 了解LED显示屏辅助设计内容。

2. 掌握LED显示屏辅助设计方法。

4.2.1 LED显示屏环境防护

学习目标

1. 掌握LED显示屏环境防护影响因素和设计要求。

2. 掌握户外LED显示屏安全防护及保养方法。

LED显示屏不管是在室内还是室外，使用LED显示屏的场景很多，但潮湿、高温的环境都会影响LED显示屏的使用效果和寿命。那应该怎样防护保障显示屏的使用效果呢？通用的LED显示屏的环境防护要求和设计要求见表4-2-1。

表 4-2-1 LED 显示屏环境防护影响因素和设计要求

环境要素	主要影响因素	设计要求
温度	（1）温度每升高 10℃，IC、电容等电子元器件平均寿命下降 10 倍；（2）温度低于 -10℃ 造成电子器件工作不正常；（3）环境温度高于 40℃，散热困难。	（1）降低工作温度通常采用散热片及通风办法；（2）采用温控加热；（3）采用强排风，形成热对流交换。
尘埃	（1）尘埃的沉积会影响电子元器件的热传导，进而出现元器件温度上升或产生漏电现象；（2）表贴面罩积尘。	（1）采用箱体结构，提高 IP 等级、加装滤尘网；（2）采用不积尘的密封面罩，如透镜面罩。
潮湿	（1）虽然 LED 显示屏测试方法中，在 95% 的湿度环境中能正常工作 8 小时为合格，但长期的高湿度的环境中工作会造成电路、铜膜氧化腐蚀、断路；（2）强电部分在潮湿的环境中会造成漏电、烧坏电子元件、外壳带电等。	（1）采用防潮材料、保护涂层、在高湿度环境中设计箱体、屏蔽强电、弱电部分与空气接触的可能，提高防护等级到 IP68；（2）降低箱体供电电压，使用 48V 直流电流输入，以及接地安全措施，220V~48V 开关电源，采用防水设计。
腐蚀性气体	在空气中含有盐或酸气的环境中，如游泳馆中含有消毒用的次氯酸，会造成电子元件的腐蚀、结晶漏电等现象。	电子元件及线路加装保护涂层，提高防护等级到 IP68，安全接地措施。
电磁辐射	射频辐射达到场强 5V/m 时，系统可能会出错，使系统跳出正在执行的程序。射频干扰来源于附近强电干扰、接收天线等。	强电部分采用磁环等过滤措施，选用合格箱体屏蔽措施，信号传输采用高等级屏蔽线缆或光纤传输。

户外 LED 显示屏对环境防护的要求则更高，作为 LED 显示屏的心脏——电源可以说是对 LED 显示屏的稳定安全运行至关重要，因此在三伏天及雷雨多发季节的时候及时对其进行安全防护及保养是非常有必要的：

1. 多种措施防雷

电保证电源接地良好，显示屏设备采用共用地线结构即"三地"（设备工作接地、电源接地、防雷接地）合一的方式。在强雷击地区或防雷措施不规范的建筑野外使用产品的时候，请在输入侧安装防雷设施，或者与客服人员进行联系提供整体防雷击方案。

2. 防止工作环境温度过高

内空间密封，空气不对流（建议加装百叶防雨窗，下方进气上方排气）。建议在选用电源的时候，应预留 20% 功率余量，防止电源在工作的过程中过温对电源造成损害。

3. 雷雨多发季节控制显示屏工作区域的湿度

要保持 LED 显示屏大屏幕或系统所属区域使用环境的湿度，不要让任何具有湿气性质的东西进入 LED 大屏幕幕或系统所属区域。在潮湿地区或多雨季节使用，且产品不是24 小时一直处于工作状态时，为保证系统的安全，请联系客服人员提供三防处理的电源产品（防潮，防霉，防雾）。

4. 过负载（电流）损坏及输入电压过高损坏

LED 大屏幕幕播放时不要长时间处于全白色、全红色、全绿色、全蓝色等全亮画面，以免造成负载电流过大，电源发热过大，影响电源使用寿命。保持供电电源稳定，并做好接地保护避免雷击，在恶劣的自然条件特别是强雷电天气下不要使用。建议 LED 屏大屏幕一个星期至少使用一次以上。一般每月至少开启屏幕或系统一次，点亮 2 小时以上。

5. 积极防护

尽量避免可能碰到的问题，积极主动地防护，尽量把可能对电源造成伤害的物品远离电源；并且在清洁 LED 屏幕或系统的时候也要尽可能轻轻擦拭，做到防水，把伤害的可能性降到最小。电源应尽量放置在低灰尘的环境，灰尘过多会对电路造成损害。如果因为各种原因进水，请立即断电并联系维修人员。电源工作区域严禁进水、铁粉等易于导电的金属物。

4.2.2 LED 显示屏的配电系统设计

学习目标

1. 了解 LED 显示屏配电系统设计方法。

2. 能够看懂 LED 显示屏相关配电系统设计案例。

LED 显示屏的配电系统实施总体思路是：根据屏体用电量，现场施工要求，以及配电柜所带负荷情况，总体综合设计配电系统，实施步骤如下：

1. 计算出整屏最大功率；

2. 根据整屏最大功率选择合适负荷的配电箱；

3. 根据配电箱负荷选择总线线材以及总线布线方案；

4. 根据屏体排列组合方式以及每箱最大功率进行配电综合分配，并选择合理线材；

5. 综合总线、配电箱、屏体进行施工布线。

根据以下通用配电连接图做案例分析说明。

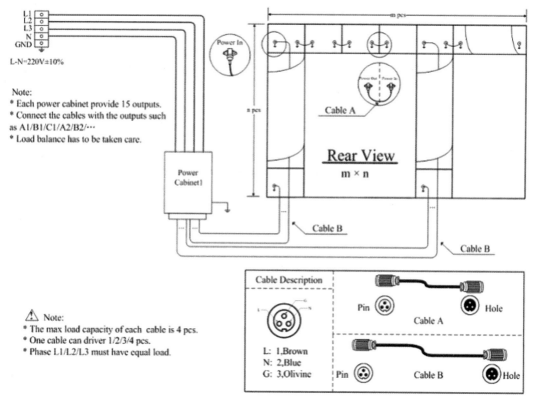

图 4-2-1 LED 显示屏通用配电连接图

以 P8 全彩 8m（长）×6m（高）LED 显示屏的配电系统为案例：

1. 计算整屏最大功耗，单个箱体最大功耗为：1000W，整屏：48KW；

2. 选择配电箱：屏体最大功耗为 48KW，一般选择 60KW 配电箱；

3. 总线配线：采用三相五线制配线方案；

4. 三相五线制：三条火线、一条零线、一条地线

5. 选材原则：如果箱体内部电源采用的是带有 PFC（自动相位调整）电路点电源，则 5 条线大小一样，如果不是带 PFC 电路的电源，则火线和地线线径大小一样，零线是火线两倍大小。

6. 整屏总功耗：48KW，总电流为 218A，有三条火线，每条火线所带电流为：72.6A。一般总线布线走的线槽一般为钢槽，此时每条总线的负载为 72.6A，一般线材材质采用铜线性价比比较高，再查电工手册，得总线线径为：25 平方毫米（铜线），35 平方毫米（铝线）。

7. 配电箱配电分配：整屏 8m（长）×6m（高），每箱最大功耗 1000W，每行 8 个箱体，即每行 8KW，电流 36.36A，每平方毫米带 5A，即每行需要 2 条 4 平方毫米线，每条线带 4 个箱体。

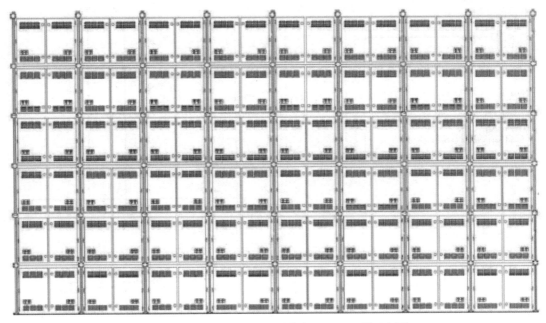

图 4-2-2 8m（长）×6m（高）LED 显示屏配电图

8.综合布线：根据现场施工情况，进行综合布线

（1）在总线与配电箱之间增加一个总闸开关。

（2）配电箱到屏体分配线分布要注意三相平衡配地，以免零线负载过大。

4.2.3　LED 显示屏的信息传输线缆

学习目标

1.能够区分 LED 显示屏各种信息传输线缆种类。

2.能够正确使用 LED 显示屏各种信息传输线缆。

LED 显示屏工程上常用的弱电线缆有 4 对超五类双绞线（网络线）、屏蔽软电线、光纤、同轴电缆等，全彩 LED 显示屏的常见信号传输接口有 SDI、VGA、DVI、USB、HDMI 和 DP 接口等。

1.4 对超五类双绞线（网络线）

4 对超五类双绞线因常在局域网布线中又称为 8 芯网络线，是由 8 根不同颜色的线分成 4 对绞合在一起，成对扭绞的作用是尽可能减少电磁辐射与外部电磁干扰的影响，双绞线可按其是否外加金属网丝套的屏蔽层而区分为屏蔽双绞（STP）和非屏蔽双绞线（UTP）。在显示屏工程中用于显示屏信号近距离通讯（不大于 100 米），还可以用于显示屏其他的控制信号的传递。一般长度规格为 305 米 / 箱（1000 英尺）。

特点：屏蔽软电线类似普通的电线，线径规格也与之相同，主要是在护套层和内部线缆之间有一层金属网状屏蔽层，特点是线缆的编织密度更高，线更柔软，易于铺设，防信号干扰。

2. 同轴电缆

同轴电缆以硬铜线为芯，外包一层绝缘材料。这层绝缘材料用密织的网状导体环绕，网外又覆盖一层保护性材料。有两种广泛使用的同轴电缆。一种是 50 欧姆电缆，用于数字传输，由于多用于基带传输，也叫基带同轴电缆，常用于网络连接。另一种是 75 欧姆电缆，用于模拟传输。常用于有线电视射频信号，普通视频信号传输。

3. 光纤

光纤和同轴电缆相似，只是没有网状屏蔽层。中心是光传播的玻璃芯。在多模光纤中，芯的直径是 15um~50um，大致与人的头发的粗细相当。而单模光纤芯的直径为 8um~10um。芯外面包围着一层折射率比芯低的玻璃封套，以使光纤保持在芯内。再外面的是一层薄的塑料外套，用来保护封套。光纤通常被扎成束，外面有外壳保护。纤芯通常是由石英玻璃制成的横截面积很小的双层同心圆柱体，它质地脆，易断裂，因此需要外加一保护层。传输点模数类分单模光纤 (Single Mode Fiber) 和多模光纤 (Multi Mode Fiber)。单模光纤的纤芯直径很小，在给定的工作波长上只能以单一模式传输，传输频带宽，传输容量大。一般传输距离在 2Km 以上。多模光纤是在给定的工作波长上，能以多个模式同时传输的光纤。与单模光纤相比，多模光纤的传输性能较差，一般传输距离在 500m 左右。最长不超过 2Km，根据其工作环境不同，分为户外光纤和户内光纤，长度可以按实际截取。

4. 全彩 LED 显示屏 SDI 接口

全彩 LED 显示屏接口是一种"数字分量串行接口"，使用 BNC 接口线缆标准，一种同轴电缆。如果把要把原有接口换成这种接口，只进行前端及后端的更换，不需要重新布线，为用户减少人力及时间成本投入，更多的应用于 LED 拼接屏或者处理器中，通过这种接口可以将传统模拟框架系统转为高清监控系统。

5. 全彩 LED 显示屏 VGA 接口

这种接口是采用模拟信号，大部分应用于电脑显示器及显卡接口，共有 15 针，分成 3 排，每排 5 个孔，能够传输红、绿、蓝模拟信号以及同步信号（水平和垂直信号）。

6. 全彩 LED 显示屏 DVI 接口

这种接口是属于高清接口，用于传输数字信号，画面清晰度高，因为不需要进行数字模拟的复杂转换，现在这种是较为通用的数字视频信号接口。

7. 全彩 LED 显示屏 USB 接口

这种全彩 LED 显示屏接口是属于通用串行总线或者是通用串联接口，能够支持热插拔，但是至多可以连接 127 个 PC 外部设备。

8. 全彩 LED 显示屏 HDMI 接口

这种接口是属于多媒体接口，既可以传输音频信号，也可以传输图形画面信号，并且视频分辨率可以达到 1080P，这种接口是对 DVI 接口的改进，能够兼容 DVI 接口标准。

9. 全彩 LED 显示屏 DP 接口

这种接口也是一种高清数字显示接口标准，可以连接电脑和显示器，也可以连接电脑和家庭影院。DP 接口可以理解是 HDMI 的加强版，在音频和视频传输方面更加强悍。

图 4-2-3 为典型的 LED 显示屏的信息传输示意图。

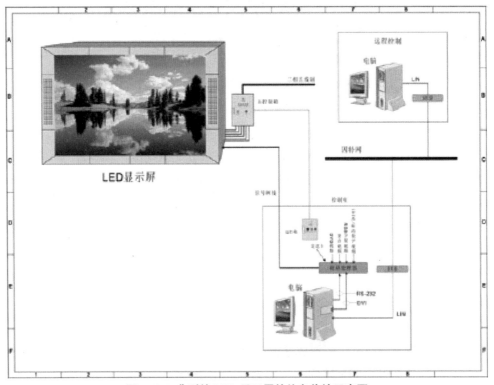

图 4-2-3 典型的 LED 显示屏的信息传输示意图

补充知识：

解析 LED 显示屏的远程无线信息发布系统原理

一、概述

传统的 LED 显示屏的信息输入只能通过数据线与电脑直接连接来进行，不能满足远程信息实时发布的需要。LED 显示屏无线信息发布系统则可以有效解决 LED 显示屏远程组网的问题。该系统基于 GPRS 无线网络技术，提供通用 LED 通信控制接口，实现对 LED 显示屏的大规模的组网。无论 LED 显示屏放在何处，系统的主控中心都能将信息准确、即时的发布到指定的某个或多个 LED 显示屏上，极大的增强 LED 显示屏发布信息的灵活性。

二、LED 显示屏无线信息发布系统网络拓扑结构

无线 LED 显示屏信息发布系统由 LED 显示屏、LED 显示控制器、F2103GPRSDTU 和无线 LED 显示屏信息发布中心平台几个部分组成。控制中心通过 LED 显示信息发布软件，以 GPRS 网络为数据传输载体，以无线数据传输单元和 LED 显示控制器为 LED 显示屏的接入终端，实现由控制中心远程向远程的无线 LED 显示设备发送图文信息。

三、无线 LED 显示屏信息发布系统特点：

1. 组网规模大：传统 LED 显示屏的内容由电脑通过串口数据线发送，显示屏数量在规模上受到限制。无线 LED 显示屏信息发布系统通过现时多种的 GPRS 控制系统来发送信息，采用 TCP/IP 网络传输协议，终端联网数量不受限制。

2. 实时发布信息：传统 LED 显示屏只能固定地显示所控制器内存储的信息，如需发布新的信息只能通过电脑联机来更新信息。无线 LED 显示屏可以随时接收信息中心下发的信息。

3. 不受距离限制：传统电子显示屏只能在短距离内使用，一般只有数十米，无线 LED 显示屏在全国范围内，只要无线 GPRS 网络覆盖的地方都可以使用，不受距离和位置的限制。

4. 安装维护方便：由于不需要铺设光缆或通讯电缆，所以无线 LED 显示屏的安装位置易于选择。产品采用模块化设计，便于维护和检修。

四、无线 LED 显示屏信息发布系统设计原则

1. 先进性：充分利用计算机互联网络、移动无线通信系统、LED 显示控制等先进技术，设计具有国内先进的无线 LED 显示屏信息发布系统。采用目前先进的系统软件平台及终端设备，不但能够支持无线 LED 显示屏信息联网发布需要，而且能够支持相关各个行业内部具体业务需要。

2. 可靠性：无线 LED 显示终端能够稳定可靠地工作，硬件故障率低。通信机制可靠，无线网络通信的使用环境有其复杂性的特点，系统通信机制一定要保障数据传输高效可靠。

3. 扩展性：系统要有良好的扩展性，当终端数量增加、使用用户范围扩大、系统功能增加时，能够平稳升级，保护投资。

4. 实用性：整个系统的操作以方便、简洁、高效为目标，既充分体现快速反应的特点，又能便于操作人员进行信息处理和发布，便于管理层及时了解各项统计信息。

5. 保密性：对于系统的管理实行严格的权限管理，只有持有一定权限的密钥才能访问、监控、实施相应的管理、控制操作，确保系统安全可靠。

五、无线 LED 显示屏信息发布系统主要功能

1. 系统最大支持无线 LED 显示屏数量大于 10000 个；

2. 通信体制支持：GPRS/CDMA 等无线通信方式，短信息通信方式；

3. 系统软件采用 B/S 结构；

4. 支持 LED 显示屏设备信息管理功能；

5. 支持文本信息实时发送、定时发送；

6. 发布信息的增加、删除和编辑修改功能；

7. 定义不同的操作用户有不同的操作权限，实现用户分级管理。

六、业务流程

GPRS 专网系统终端上网登录服务器平台的流程为：

1. 用户发出 GPRS 登录请求，请求中包括由移动公司为 GPRS 专网系统专门分配的专网 APN；

2. 根据请求中的 APN，SGSN 向 DNS 服务器发出查询请求，找到与企业服务器平台连接的 GGSN，并将用户请求通过 GTP 隧道封装送给 GGSN；

3. GGSN 将用户认证信息（包括手机号码、用户账号、密码等）通过专线送至 Radius 进行认证；

4. Radius 认证服务器看到手机号等认证信息，确认是合法用户发来的请求，向 DHCP 服务器请求分配用户地址；

5. Radius 认证通过后，由 Radius 向 GGSN 发送携带用户地址的确认信息；

6. 用户得到了 IP 地址，就可以携带数据包，对 GPRS 专网系统信息查询和业务处理平台进行访问。

4.2.4　LED 显示屏的防雷设计

学习目标

1. 了解 LED 显示屏直击雷的防护。

2. 了解 LED 显示屏感应雷的防护。

3. 了解 LED 显示屏的接地方法。

举例说明：一块长 20 米的 LED 显示屏安装在某开发区空旷地带，该地区属于高雷暴地区，周边没有高大建筑物作为防护，显示屏也没有做任何防雷保护。防雷设计方案如下。

1. 直击雷的防护

该 LED 显示屏长 20 米，如果安装一根避雷针，避雷针的长度要七八米以上，安装和维护不方便，因此设计两根高三米的避雷针，两根避雷针安装在距显示屏的两边 5 米处的钢结构上，与钢结构焊接或者螺栓连接。按照国标建筑物防雷设计规范（GB 50057-2000），LED 屏按照三类防雷建筑物标准，两根三米的避雷针能完全保护改显示屏。

2. 感应雷的防护

（1）电源防雷

在显示屏的配电箱安装一套电源防雷器，型号：OK-DY40/ C/4，该防雷器可以承受 40KA 的雷电流。

（2）信号防雷

显示屏和计算机的信号线，串联一个 RJ45 接口的网络信号防雷器，型号：OK-BZ/RJ45，该防雷器传输速率 100M，避雷器的安装位置要尽量靠近显示屏。

3. 接地

如果钢结构的接地电阻在 10 欧姆以下，这不需要再另作地网，如果在 10 欧姆以上，则要在钢结构的旁边坐一圈地网，用 2.5 米长、4*40 的镀锌角钢打入地下，用 4*40 的镀锌扁钢把镀锌角钢连接起来，打镀锌角钢的数量只要能满足接地电阻小于 10 欧姆就可以了。然后用两根扁钢将人工地网与钢结构连接起来。

显示屏的金属外壳、避雷器、避雷针做好接地。

led 屏综合防雷示意图如图 4-2-4 所示。

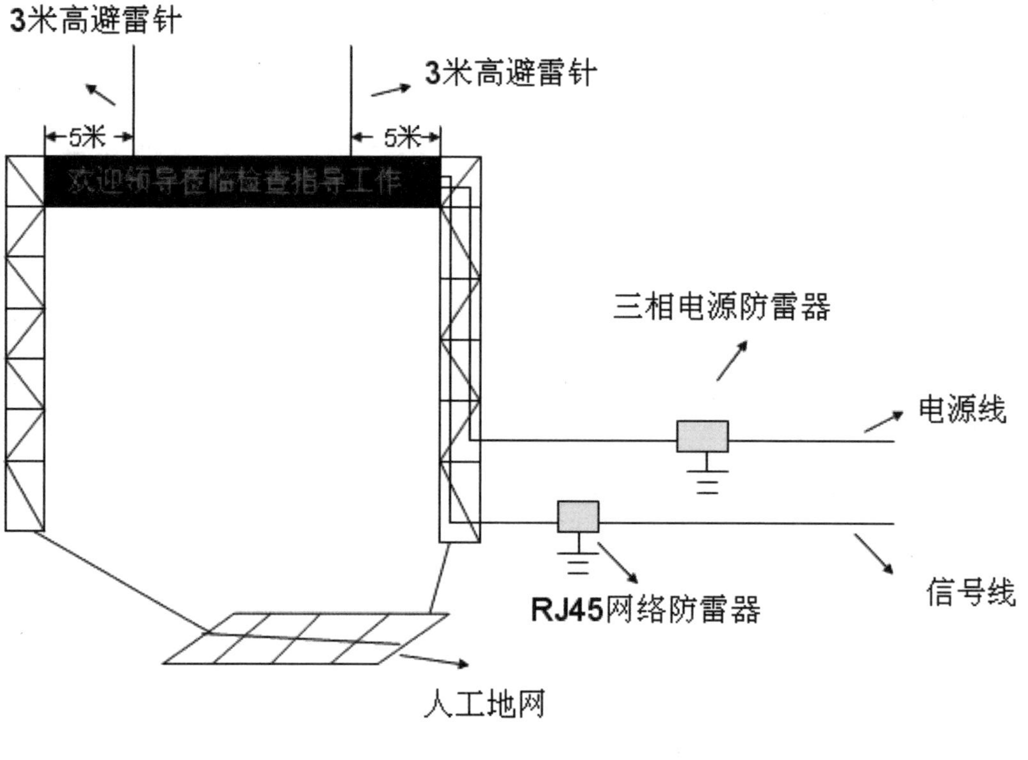

图 4-2-4 led 屏综合防雷示意图

4. 防雷产品价格估算

产品名称	产品型号	产品参数	数量	单价（元）	金额（元）
避雷针	OK-ESE3	3米	2		
三相电源防雷器	OK-DY40/C/4	放电电流40ka	1		
网络信号防雷器	OK-BZ/RJ45	传输速率100M，放电电流10ka	1		
合计					

4.2.5　LED显示屏的静电放电（ESD）防护

学习目标

1. 了解ESD释义及起产生的原理。

2. 了解静电在LED显示屏生产过程中的危害。

3. 了解LED显示屏生产过程中的静电防护措施。

一、ESD释义

静电放电（electro static discharge，ESD）是指静电出现后，如没有被及时宣泄或消除，便可能因直接接触或感应而产生放电，形成静电放电。

二、ESD产生源

微观上说，根据原子物理理论，电中性时物质处于电平衡状态，由于不同的物质电子的接触产生的电子的得失，使物质失去电平衡，产生静电现象。

从宏观上讲，原因有：物体间摩擦生热，激发电子转移；物体间的接触和分离产生电子转移；电磁感应造成物体表面电荷的不平衡分布；摩擦和电磁感应的综合效应。

三、静电在LED显示屏生产过程中的危害

如果在生产任何环节上忽视防静电，它将会引起电子设备失灵甚至使其损坏。当半导体器件单独放置或装入电路时，即使没有加电，由于静电也可能造成这些器件的永久性损坏。大家熟知，LED是半导体产品，如果LED的两个针脚或更多针脚之间的电压超过元件介质的击穿强度，就会对元件造成损坏。氧化层越薄，则LED和驱动IC对静电的敏感性也就越大，例如焊锡的不饱满，焊锡本身质量存在问题等等，都会产生严重的泄漏路径，从而造成毁灭性的破坏。

另一种故障是由于节点的温度超过半导体硅的熔点（1415℃）时所引起的。静电的脉冲能量可以产生局部地方发热，因此出现直接击穿灯管和IC的故障。即使电压低于介质

的击穿电压，也会发生这种故障。一个典型的例子是，LED 是 PN 结组成的二极管，发射极与基极间的击穿会使电流增益急剧降低。LED 本身或者驱动电路中的各种 IC 受到静电的影响后，也可能不立即出现功能性的损坏，这些受到潜在损坏的元件通常在使用过程中才会表现出来，所以对显示屏的寿命影响都是致命的。

四、LED 生产中的静电防护措施

1. 接地

接地就是直接将静电通过导线连接泄放到大地，这是防静电措施中最直接有效的，对于导体通常用接地的方法，我们要求人工使用的工具接地、带接地防静电手环、及工作台面接地等。

（1）在生产过程中，要求工人必须佩带接地静电手环。尤其在切脚、插件、调试和后焊接工序时，并且做好监察，品质人员必须至少每两个小时做一次手环静电测试，做好测试记录；

（2）在焊接时，电烙铁应尽可能采用防静电低压恒温烙铁，并保持良好的接地性；

（3）在组装过程中，尽可能使用有接地线的低压直流电动起子（俗称电批）；

（4）保证生产拉台、灌胶台、老化架等有效接地；

（5）要求生产环境做到布设铜线接地，如地板、墙壁、以及某些场合使用的天花板等，都应使用防静电材料。通常，即使普通石膏板和石灰涂料墙面也可以，但禁止使用塑料制品天花板和普通墙纸或塑料墙纸。

2. 防静电地线的埋设

（1）厂房建筑物的避雷针一般与建筑物钢筋混凝土焊接在一起妥善接地，当雷击发生时，接地点乃至整个大楼的地面都将成为高压强电流的泄放点。一般认为在泄放接地点 20M 范围内都会有"跨步电压"产生，即在此范围内不再是理零电位。另外，三相供电的零线由于不可能绝对平衡而也会有不平衡电流产生并流入零线的接地点，故防静电地线的埋设点应距建筑物和设备地 20 米以外。

（2）埋设方法：为保证接地的可靠，致少应有三点以上接地，即每隔 5m 挖 1.5m 深以上坑，将 2m 以上铁管或角铁打入坑内 (即角铁插入地下 2m 以上)，再用 3mm 厚铜排将这三处焊接在一起，用 16m2 绝缘铜芯线焊上引入室内为干线．

思考与练习

1、LED 显示屏的国家测试标准有哪些？

2、LED 显示屏测试标准中强制性标准和非强制性标准有什么区别？

3、LED 显示屏的行业标准有哪些？

4、LED 显示屏的地方标准有哪些？

5、请根据 LED 显示屏技术通用规范和测试方法设计一份测试报告。

6、LED 显示屏辅助设计包含哪些内容？

第五章　LED 单色显示屏技术

单色显示屏主要显示出的色彩还是一种颜色，有红、黄、蓝绿等色彩，双色的就是重合了多种色彩，展现的方式是不同的，而且也可以重新组合，一把应用于室外的比较多，而且单身显示屏也是在市场中表现不错的。

§5—1　LED 单色显示屏原理与结构

学习目标

1. 了解 LED 单色显示屏工作原理。

2. 掌握 LED 单色显示屏结构与安装工艺。

LED 单色显示屏一般是由红色、绿色、蓝色、白色等单独的一种颜色构成，显示内容一般是文字内容和简单的图案。LED 单色显示屏的型号主要有室内 3.75 型号和 5.0 型号，门头半户外一般有 P10 和 P16，户外一般是 P10、P16 和 P20 等，一般亮度在 2000cd/ 平方，高亮度单色 LED 显示屏是市场主流，被广泛应用于商店、银行、码头、汽车站和广告等部分。

单色 LED 显示屏的功能和特点有：

1. 可显示时间，播放通知、天气预报、广告、重要新闻、欢迎词和宣传口号，以及预告电视节目等等。

2. 显示方式包括：可以任意点阵显示多语种和各种字体，灵活地以多种方式进入和退出显示；可以显示各种表格，表内数据可通过专用的软件人工输入和更改；也可以利用编辑软件将文字、图片、表格进行组合，叠加显示。可采集计算机内的当前时间，并适时分幅显示月、日、星期、时、分、秒等。

3. LED 单色显示屏具有高亮度、宽视觉、可靠性高、寿命长、重量轻、模块化结构、安装方便和易于维修等特点。

室内单基色 LED 显示屏适合范围：

银行、房地产、股票交易所等处进行汇率、股票、期货、房地产交易等信息的显示。或专卖店、连锁店、学校、医院等场所自我宣传发布各类信息展示。

5.1.1　LED 单色显示屏结构与安装工艺

学习目标

1. 了解 LED 单色显示屏的结构。

2. 了解 LED 单色显示屏箱体分类。

3. 掌握 LED 单色显示屏的组装与安装方法。

一、LED 单色显示屏结构

1. LED 单色显示屏外框结构及外装饰

LED 显示屏的外框结构在设计上是由显示屏的安装要求和显示面积大小以及周围环境颜色而定，在保证有足够的安装强度的前提下，尽量减少显示屏的安装质量问题。对于室内 LED 单色显示屏外框通常有三种做法：

（1）茶色铝合金外框结构简单，外框颜色接近显示屏底色。

（2）铝合金外包不锈钢框架，采用拉丝不锈钢，美观、大方。

（3）钣金一体化结构，其颜色为索尼灰，容易被视觉接收。另外它在整体结构方面比较紧凑，没有缝隙。其缺点是对 LED 显示屏的面积大小有要求。

图 5-1-1 室内 LED 单色显示屏外框结构

对于户外 LED 显示屏为保证有足够的安装强度，其外框均为钢结构，外装饰通常根据现场情况以及用户要求选用，通常采用外包铝塑板，其优点如下：

（1）铝塑板颜色多样、品种丰富，可以根据不同要求选购。

（2）铝塑板表面质量高，粗糙度小。

（3）铝塑板可以实现胶缝拼接，表面可以等距离布置线条，符合美观要求。

图 5-1-2 室外 LED 单色显示屏外框结构

2.LED 显示屏箱体分类

LED 显示屏箱体按使用方式分为两种：一种是防水型 LED 显示屏箱体，另一种是简易型 LED 显示屏箱体。防水型箱体一般用于户外 LED 显示屏，有防水、防尘、防风功能，这些防护功能都有一定的国际标准 IP，现在一般的防护等级为 IP65、IP68。简易型箱体一般用于室内或者半户外 LED 显示屏，没有防水功能。

LED 显示屏箱体按材料分为铁箱体（冷轧板，厚度 1.0、1.2、1.5mm）、铝箱体（5052，厚度 2mm）。

LED 显示屏箱体按防护分为户内密封箱体、户外防水箱。

LED 显示屏箱体按安装方式分为架装箱体、吊装箱体、嵌入箱体。LED 显示屏箱体按维护分为后维护箱体、前维护箱体，前维护箱体的最大的特点就是维护、更换配件十分方便，维修人员可以直接从户外 LED 显示屏前方将箱体打开，进行维修。

LED 显示屏箱体按结构分为标准箱体、异型箱体。

图 5-1-1 为 LED 单色显示屏户外防水箱体。图 5-1-2 为 LED 单色显示屏户外显示效果。

图 5-1-3 LED 单色显示屏户外防水箱体

图 5-1-4　LED 单色显示屏户外显示效果

二、LED 单色显示屏的组装与安装

1. LED 单色显示屏的组装

较小屏幕的 LED 显示屏，是在工厂组装成整屏；屏幕较大时，按单元板发货。由工程人员在现场组装。组装时，先将单元板和电源分别固定在板筋背条上，从而拼装成屏体。在组装箱体结构的 LED 显示屏时，首先将做好的 LED 显示屏幕组单元安装在单个箱体上，然后再将单个箱体拼接安装在整个 LED 显示屏钢结构上，组成一整块 LED 显示屏，LED 显示屏单个箱体之间的连接片能够确保 LED 显示屏各箱体单元之间连接牢固。箱体与箱体之间采用定位销定位、锁紧机构拉紧，都能使安装更加精密、准确，保证箱体上下、左右之间的 LED 间距在实际误差要求的范围之内，从整体上保证了 LED 显示屏整个屏体的显示效果。

2. LED 单色显示屏的安装方式

（1）室内或半户外显示屏的安装方式

1）挂装

挂装的 LED 显示屏是在墙体上做一个受力点，将 LED 显示屏挂于墙壁之上，利用墙体作为固定支撑。挂装适用于户内或者半户外 10 平方米以下的 LED 显示屏，墙体要求是实墙体或悬挂处有混凝土梁。空心砖或简易隔挡均不适合此安装方法。

在安装挂装式 LED 显示屏时，首先将连接件（角铁）用膨胀螺丝固定在墙体上，测量并保证同一高度的连接件在一条水平线上。将框架（装有电源）悬挂在上面，测量对角保证框架无变形。用自攻螺丝将框架与连接件进行固定。然后安装并连接带有吸盘磁铁的单元板，通过调节吸盘的高度保证整个 LED 显示屏的平整度。

普通挂装适用于屏体总质量小于 50kg 的显示屏，屏体显示面积小的一般不留维修通道空间，整屏取下进行维修，或者做成折叠一体式框架，屏体面积稍微大一些，一般采用前维护设计（即正面维护设计，通常采用列拼装方式）。贴墙挂装如图 5-1-5 所示。

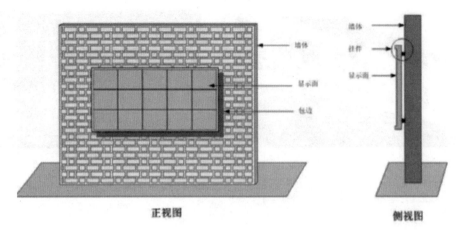

图 5-1-5 LED 单色显示屏贴墙挂装示意图

2）架装

架装适用于 10m2 以上的 LED 显示屏，且便于维修，墙体要求是实墙体，带有钢骨架的大理石墙面或悬挂处有混凝土梁。其他具体要求同贴墙挂装一样，架装示意图如图 5-1-6 所示。由于框架距离墙体有一定距离，受重力影响，考虑到框架会向墙体倾斜，所以在距离框架底部相应的位置需要做支撑架。

图 5-1-6 LED 单色显示屏贴架装图

3）吊装

吊装是将 LED 显示屏屏体吊挂于预置的钢结构上，适用于车站、机场等大型场所起到指示标牌作用的 LED 显示屏，也会在舞台、室外没有墙体依托的情况下采用，临时使用的 LED 显示屏采用吊装方式具有明显优势。

吊装适用于面积 10m2 以下、质量不应大于 50kg 的 LED 显示屏，此安装方式必须要有适合安装的地点，如上方有横梁或过梁。且屏体一般需要加后盖，显示屏箱体采用正面维护设计，维修时将显示屏从底部掀开即可。吊装示意图如图 5-1-7 所示。如果 LED 显示屏上面是横梁或者过梁，可用膨胀螺丝将准备好的带有全螺纹的吊杆固定好，吊杆长度根据现场情况而定，并套与屏体颜色一致的法兰和不锈钢管。如果 LED 显示屏上是棚顶的钢梁，此时采用钢丝绳进行吊装。将带有穿孔的框架悬挂在上面，用螺丝或者钢丝绳夹固定，测量对角保证框架无变形。然后安装并连接准备好的带有吸盘磁铁的单元板。若室内为承重混凝土屋顶，可采用标准吊件，吊杆长度视现场情况而定。

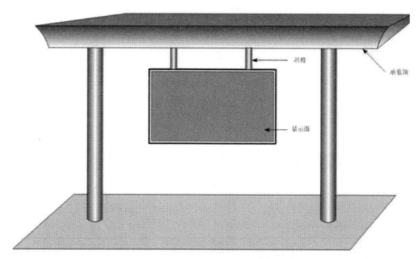

图 5-1-7 LED 单色显示屏吊装示意图

4）座装

将 LED 显示屏安装在平台上，除需制作屏体钢结构外，还需制作混凝土座，主要考虑基础的地质情况，座装安装示意图如图 5-1-8 所示。

a. 可移动座装：指座架单独加工而成，放置于地面，可以移动。

b. 固定式安装：指座架是与地面或墙面相连接的固定式座架。

无论是移动还是固定式，在安装前要用水平尺测量座架保证水平。

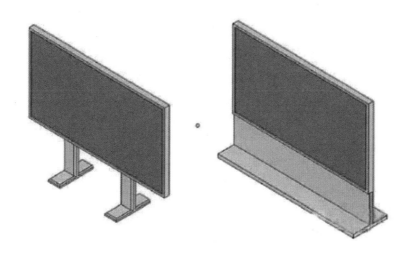

图 5-1-8 LED 单色显示屏座装示意图

（2）户外箱体结构显示屏的安装方式

户外环境不仅对 LED 显示屏的质量要求高，也对 LED 显示屏的安装提出了较高的要求，其安装方式会因户外场所的不同而不同，户外 LED 显示屏主要分为以下几种安装方式。

1）落地支撑式。落地支撑式安装方式适用于无固定地点安装的 LED 显示屏，如将 LED 显示屏安装在固定的水泥平台上，落地支撑式安装方式示意图如图 5-1-8 所示。

2）立柱式。在周围无墙体或可利用的支撑点时，可采用立柱式安装方式，但立柱式安装方式对钢结构的要求较高，户外 LED 显示屏多采用立柱式安装方式，如高速公路旁边的户外 LED 屏多数都是采用立柱式安装方式。单立柱式安装方式适用于显示面积小的 LED 显示屏，双立柱安装方式适用于显示面积大的 LED 显示屏。封闭式维护通道适用于简易箱体，敞开式维护通道适用于标准箱体。

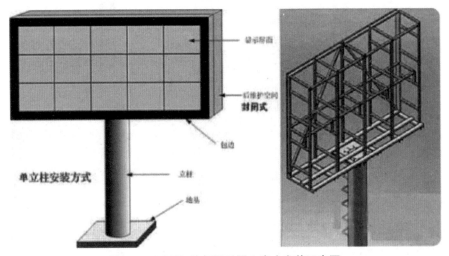

图 5-1-9 LED 单色显示屏立座式安装示意图

3）屋顶式。在城市广场安装的 LED 显示屏多采用屋顶式安装方式，即在广场周围的建筑物屋顶上安装 LED 显示屏，屋顶式安装方式示意图如图 5-1-7 所示。

4）镶嵌式。镶嵌结构是在墙体上预留安装洞或开洞，将 LED 显示屏镶在其内，要求洞口尺寸与显示屏外框尺寸相符，并做适当装修，为了便于维修墙体上的洞口必须是贯通的，否则需采用前维修箱体的 LED 显示屏。内嵌式安装方式一般是在墙体上加装钢结构，然后以钢结构为支撑嵌入户外 LED 显示屏，主要是安装场所是大楼外墙，镶嵌式安装示意图如图 5-1-10 所示。

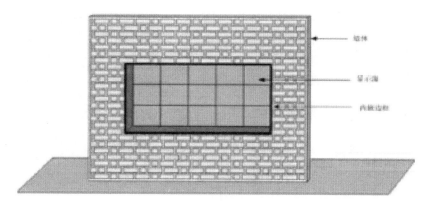

图 5-1-10 LED 单色显示屏镶嵌式安装示意图

以上 4 种安装方式的 LED 显示屏的屏体框架结构是一致的，只是受力支撑点不一样。LED 显示屏对屏体框架的要求如下。

1）LED 显示屏的屏体后面至少留有 600mm 的空间作为维修通道，每隔 3~4 个箱体的高度要有一层维修通道，以便于安装和维修。

2）上下层维修通道之间要焊接梯子。

3）每一层维修通道要有照明。

4）确保固定箱体的方钢与箱体接触面保持在同一个水平面上。

5）在箱体式 LED 显示屏组装时，箱体之间通过定位销进行定位，通过连接片和螺丝进行拉紧，以保证箱体与箱体之间的平整度。

6）安装的 LED 显示屏要保持左右水平，不准许前倾、后倾，吊装的要加装上下调节杆，壁挂安装前要装前倾脱落钩，落地安装要加定位支撑螺栓。

5.1.2　LED 单色显示屏工作原理

学习目标

1. 了解 LED 单色显示屏的基本工作原理。

2. 了解 LED 单色显示屏的控制方法。

一、LED 单色显示屏的基本工作原理

LED 单色显示屏的基本工作原理是动态扫描，其电路示意图如图 5-1-11 所示。动态扫描又分为行扫描和列扫描两种方式，常用的方式是行扫描。行扫描方式又分为 8 行扫描和 16 行扫描两种。在行扫描工作方式下，每一片 LED 点阵片都有一组列驱动电路，列驱动电路中一定有一片锁存器或移位寄存器，用来锁存待显示内容的字模数据。在行扫描工作方式下，同一排 LED 点阵片的同名行控制引脚是并拼接在一条线上的，共 8 条线，最

后连接在一个行驱动电路上；行驱动电路中也一定有一片锁存器或移位寄存器，用来锁存行扫描信号。

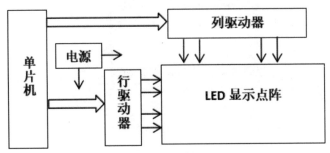

图 5-1-11 LED 单色显示屏电路示意图

LED 单色显示屏的列驱动电路和行驱动电路一般都采用单片机进行控制，常用的单片机是 MCS-51 系列。LED 显示屏显示的内容一般按字模的形式存放在单片机的外部数据存储器中，字模是 8 位二进制数。

单片机对 LED 显示屏的控制过程是先读后写。按 LED 点阵片在屏幕上的排列顺序，单片机先对第 1 排的第 1 片 LED 点阵片的列驱动锁存器，写入从外部数据存储器中读得的字模数据，接着对第 2 片、第 3 片……直到这一排的最后一片都写完字模数据后，单片机再对这一排的行驱动锁存器写行扫描信号，于是第 1 排第 1 行与字模数据相关的发光二极管点亮。接着第 2 排第 1 行、第 3 排第 1 行……直到最后一排第 1 行的点亮。各排第 1 行都点亮后，延长一段时间，然后黑屏，这样就算完成了单片机对 LED 显示屏的一行扫描控制。

单片机对 LED 显示屏第 2 行的扫描控制、第 3 行的扫描控制……直到第 8 行的扫描控制，其过程与第 1 行的扫描控制过程相同。对全部 8 行的控制过程都完成后，LED 显示屏也就完成了 1 帧图像的完整显示。

虽然按这种工作方式，LED 显示屏是一行一行点亮的，每次都只有一行亮，但只要保证每行每秒钟能点亮 50 次以上，即刷新频率高于 50 Hz，那么由于人的视觉惰性，所看到的 LED 显示屏显示的图像还是全屏稳定的图像。

二、LED 单色显示屏的控制方法

显示控制电路是按行扫描方式工作的，列控制电路分为两大类。列控制电路中，一类是用 74LS377 之类的芯片作为列驱动电路的锁存器，CPU 通过并行总线给列驱动电路的锁存器写字模数据；另一类是用移位寄存器 74LS595 之类的芯片作为列驱动电路的锁存器，CPU 通过串行总线给列驱动电路的锁存器写字模数据。无论是并行总线的控制方式还是串行总线的控制方式，其工作过程都是先给数据指针 DPTR 赋值，接着累加器 A 按数据指针 DPTR 的指向，从外部数据存储器 RAM 中读得字模数据。然后，并行总线时，再给数据指针 DPTR 赋值，接着 CPU 将累加器 A 中的字模数据，按数据指针 DPTR 的指向，写给 LED 点阵片列驱动电路的锁存器；串行总线时，CPU 将累加器 A 中的字模数据，通过串行口写给 LED 点阵片列驱动电路的锁存器。

§5—2　LED 单色显示屏调试与维修

1. 掌握 LED 单色显示屏调试方法。

2. 掌握 LED 单色显示屏常见故障维修。

5.2.1　LED 单色显示屏调试方法

1. 了解 LED 单色显示屏的调试条件。

2. 了解 LED 单色显示屏调试内容。

一、LED 单色显示屏的调试条件

1. 电源线及通信线检查

为了保证通信正常，LED 显示屏安装完成后必须对相应的通信线及电源线进行检测。通信线检查包括 LED 显示屏内外通信线路，电源线连接是否牢固。检查时要注意通信信号是否正常，线路标识是否清楚准确，布线和走线是否规范合理。

电源线的检测除 LED 显示屏的屏体至配电箱的电源线外，还包括供电处至 LED 显示屏配电箱的电缆布置、LED 显示屏背部维修通道内的照明用电、空调及轴流抽风机的供电、监控机房内控制计算机及附属设备的用电接线等。

2. 模组检测

在 LED 显示屏调试前必须保证每个单独模组是运行正常的，虽然在出厂前对每个模组进行了 72 个小时的动态老化以保证性能良好，但运输及安装过程中不可避免会造成一定损坏，如接插件的松动等造成的通信不良，所以必须对模组进行未通电检测。

3. 附属设备的检测

所有附属设备在运输至现场前都经过生产厂的出厂的检测，到现场后需要进行的检测包括以下几个方面：

（1）量的检测。设备的规格型号数量是否与合同相符（以发货单为准），所有的设备开箱后检查相关使用说明及附件（光盘、合格证、保修单等）是否齐全。

（2）质的检测。所有的设备包装是否完好。所有的设备开启后使用是否良好。相关设备连接后运行是否正常。

（3)LED 显示屏外框无明显划痕，LED 显示屏像素管安装应一致、无松动及管壳破裂。

（4)LED 显示屏内设备的外观检查，着重于螺丝的紧固连接情况，接插件的插件情况、设备的完好情况。

（5）查看 LED 显示屏内通风情况、是否安全并满足相关规定要求，检查空调设备、温度自动控制系统的完好情况。

（6）室内 LED 显示屏的环境温度为：工作环境低温：0℃；高温：+40℃；室外 LED显示屏的环境温度为：工作环境低温：可选 -20℃、-10℃；高温：+50℃。

（7)湿度: 在最高工作温度时，LED 显示屏应能在相对湿度为 90% 的条件下正常工作。

（8）对地漏电流：LED 显示屏的对地漏电流应该不超过 3.5mA（交流有效值）。

（9）检查前端（户外屏）和监控机房接地系统的电阻，通常前端接地电阻应小于等于 4Ω，监控机房接地电阻应小于等于 1Ω。

二、LED 单色显示屏调试内容

LED 单色显示屏主要由以下部分组成：

（1）视频部分（视频输出设备和视频切换矩阵，视频采集和图像处理单元）

（2）信号发送、传输和接收部分

（3）LED 单色显示屏

（4）配电系统

（5）工控设备（PLC）和服务器

LED 单色显示屏调试工作包括如下几个内容，在调试中依次进行。

（1）配电系统调试。对已布电源线的规格质量进行检测，对配电柜的内部线路连接进行测试，检查各种电路标识是否清晰明了。按《LED 显示屏配电系统设计说明及原理图》连接各路电源线，并分别上电检测。检查和测试防雷接地系统是否符合要求。

（2）PLC 系统调试。PLC 控制的功能是在控制室内通过计算机对 LED 显示屏的电源进行监控，并可实时采集 LED 显示屏内的火灾报警信息和温度值，PLC 控制系统应性能稳定，运行速度快，易于通信，方便维修。PLC 的调试必须在正常通电，配电系统调试完毕后方可进行，它包括以下几个步骤。

1）检查 PLC 控制线的连接；检查 PLC 模块的安装；软件的安装。

2）对各种功能的测试：手动操作功能、自动操作功能、温度监控功能、烟雾感应功能、火警报警功能、亮度调节功能。

（3）控制系统调试。控制系统的调试分为以下几个步骤：

1) 控制计算机至视频矩阵的信号传输是否正常，控制计算机至多媒体系统的信号传输是否正常。

2) 多媒体系统至 LED 显示屏控制器的信号传输是否正常，LED 显示屏控制器至光纤发送器的信号传输是否正常。

3) 光纤发送器至光纤接收器的信号传输是否正常，光纤接收器至单元箱体的信号传输是否正常。

（4）应用软件调试

LED 单色显示系统，虽然功能比较单一，但与其他系统的交叉部分较多，牵涉到许多其他系统与专业，因此它的控制软件也相应呈现得多样化。从功能来分可以分为以下几部分：

1) 应用平台有：单机操作平台：WINXP、VISTA；网络操作平台：WINNT。

2) 播放软件：通用显示软件；操作软件；视频播放软件。

3) 控制软件：LED 控制面板软件、LECADJ 软件、PLC 控制软件

应用平台软件已随机安装，需在联网调试时同步调试。播放软件在单屏调试时可进行调试；专用比赛软件需与用户配合并结合实际比赛情况及规则进行调试；控制软件在 LED 显示系统联调时进行调试；非线性编辑软件相对比较独立，在主机房具备且非线性编辑系统安装到位后即可进行调试。

（5）单元显示箱体调试

对单元箱体模组进行通电前检查，在检查正常后，进行通电检测，保证其个体运行正常。对组成单屏体内的全部单元板进行未通电、通电检测和老化，保证其个体运行正常。若单元显示箱内装有温控电路和无刷风机，在单元显示箱内温度达到设定温度时，应能自动开启风机，确保系统工作安全可靠。在单元显示箱内温度降到设定温度以下时，应自动关闭风机，以延长风机寿命，降低能耗。

（6）LED 单色显示屏自检及测试、验证、调节系统

LED 显示屏自检系统控制框图如下图所示。LED 显示屏测试、验证、调节系统控制框图如下图所示：

1) 测试 LED 显示屏全屏显示特性，确定配色和 LED 排列组合。以 8 个像素为单位测试恒流源特性，亮度均匀性调节。以每个像素为单位测试 LED 特性，均匀性调节。测试全屏显示特性，确定亮度峰值和各灰度白平衡。

2) 验证包括的项目有：验证亮度精度、灰度偏移；验证色空间变换效果；验证低灰度效果；验证屏体反光对显示的影响；验证屏亮度与环境亮度的关系；验证帧频刷新速率与闪烁；验证色温与环境关系；验证显示模块表面物理结构与显示效果的关系；验证 LED 的排列与显示效果的关系。

（7）LED 单色显示屏整屏亮度和非线性校正调节

使用专用软件，对 LED 显示屏整屏亮度和非线性进行调节。适用于全彩色 LED 显示屏亮度参数、1024 级灰度调节。主要功能如下：

1）能对显示屏进行亮度控制。

2）能对显示屏进行非线性校正。在非线性校正下有红色、绿色、蓝色曲线，每种颜色均有 8 种显示曲线可供选择。当进行灰度级测试时，应选择"曲线一"；进行视频播放时，根据效果选择其他曲线。

3）能对显示屏进行偏移量调整。在偏移量调整里红色偏移、绿色偏移和蓝色偏移，而且它们是根据显示屏的亮度偏移来决定它们偏移量大小。

（8）色彩测量

在进行 LED 显示屏的调校时，需要一台能够同时一次测量整个 LED 显示屏或模块上每个像素的辉度及色度特性。这个工作可以用影像式色度计来完成，影像式色度计的重要组件包括摄像头、符合 CIE 曲线的彩色滤光镜、快门、CCD 相机，以及数据截取，影像处理等硬件、软件。在运行时，系统会透过三个彩色滤光镜截取待测物的影像，然后组合及处理这些影像以得到影像里每个像素的辉度及色度值。

（9）屏幕校正

在利用 PM-1400 摄影式色度计的测量系统对每个模块做调校时，PM-1400 搭配的软件可以驱动显示器，决定修正参数，然后将这些参数存储到面板的驱动电子回路。

在调校过程中，仪器测量面板上每只 LED 的辉度及色度，然后计算各个像素点的 3*3 修正矩阵，这个矩阵包括每个像素点每一个原色的三个换算系数。例如，系统可能告诉某个像素点，若要显示纯红（100%）。

（10）LED 单色显示屏的系统联调

LED 显示屏的系统联调需在整个条件具备后进行，PLC 控制系统与配电系统运行正常，功能具备；网络及软件系统通信顺畅。其目的是确保系统能在真实环境下正常运行。要必须满足承担各类电视节目播出，能和其他演播室联合工作。

在主机房设备基本安装完成后，可用控制计算机对单块屏进行调试，检测其显示效果。

三、LED 单色显示屏播放软件应用

1、节目组成

2、节目制作流程

5.2.2　LED 单色显示屏常见故障维修

学习目标

1. 了解 LED 单色显示屏常见故障种类。

2. 了解 LED 单色显示屏常见故障维修方法。

LED 单色显示屏发生故障时，应该首先判断控制卡是否正常，电源是否发生故障，以及单元板是否正确连接或有故障。

判断控制卡是否正常，应先打开电源，看控制卡指示灯是否点亮，如果不亮应检查是否有 +5V 供电，显示屏是否显示内容，若能显示内容，说明控制卡显示内容功能是好的；然后在电脑上用控制卡软件查找控制卡，如果能查找到，说明控制卡的发送内容功能良好，如果查找不到，查看通讯线是否接好，如果接好了，就可能是卡有问题。只要上述两功能良好，控制卡就是好的，否则就要更换控制卡。

若要判断电源是否发生故障，如果电源坏了，会直接引起几块板同时不亮或不正常，因为一个电源同时控制几块显示屏最小单元，也就是显示屏如果是在同一个小区域的几块板不显示或显示不正常，应该考虑是否电源坏了，最直接的检测方法是拿万用表用直流电压挡测量输出电压是否在 4.9~5.5V 之间，如果不是就需要更换电源。

若要判断单元板是否正常，LED 单色显示屏信号是从一个单元板的输出排针传送到另一个板的输入信号，所以一块板有问题，会引起它后面的整排不亮或异常，所以当显示屏一排有问题时，应该把这一排起始不正常的那块板换掉，或者用长排线将这块板跳过去，再看后面的板是否正常显示正常。

其他的故障处理方法：

一、整屏不亮，整屏黑屏

1. 检测电源是否通电；

2. 检测同步通信线是否接通，有无接错；

3. 同步屏检测发送卡和接收卡通讯绿灯有无闪烁；

4. 如果是同步屏，电脑显示器是否保护，或者显示屏显示领域是黑色或纯蓝。

二、整块单元板不亮

1. 连续几块板横方向不亮，检查正常单元板与异常单元板之间的排线连接是否接通；或者芯片 245 是否正常。

2. 连续几块板纵方向不亮，检查此列电源供电是否正常；

三、单元板不亮

1. +5V 电源或 GND 是否供给；

2. +5V 跟 GND 是否短路；

3. 138 第五脚的 OE 信号是否有信号；

4. 245 相连的 OE 信号是否正常（短路或短路）。

方法：

（1）给上 +5V 电压或 GND

（2）把短路的给断开，把 OE 信号供上

（3）把断路的连好，把短路的断开

5. 查 595 是否正常

6. 查上下模块对应通脚是否接通

7. 查 595 输出脚到模块脚是否有通

四、单元板上部分不亮或显示不正常

1. 列不亮

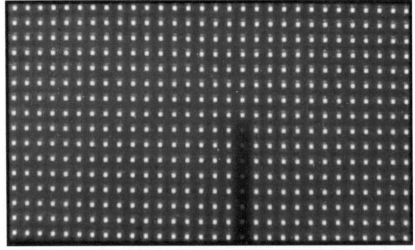

图 5-1-12 LED 单色显示屏列不亮实物图

故障分析：

（1）列信号断线

（2）驱动芯片损坏

（3）列信号与 VCC 短路

处理方法：

更换对应的 16188 芯片，若故障现象未排除，检测对应列信号是否断线或短路，若断线则飞线连接，若短路则消除短路。

2. 下半屏不亮

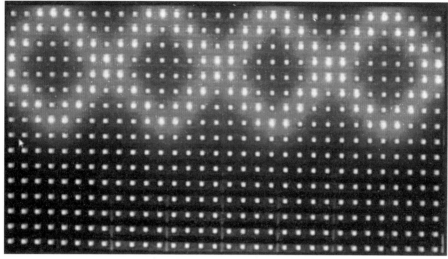

图 5-1-13 LED 单色显示屏下半屏不亮实物图

故障分析：

（1）数据输入信号断线

（2）首个驱动芯片损坏

（3）数据输入信号与 GND 短路

处理方法：

更换首个 16188 芯片，若故障现象未排除，检测数据输入信号是否断线或短路，若断线则飞线连接，若短路则消除短路。

3. 区域不亮

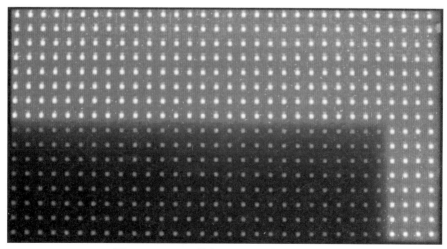

图 5-1-14 LED 单色显示屏区域不亮实物图

故障分析：

（1）数据输入信号断线

（2）不亮区域驱动芯片损坏

（3）数据输入信号与 GND 短路

（4）上一个芯片数据输出异常

处理方法：

更换不亮区域对应的 16188 芯片或上一个芯片，若故障现象未排除，检测数据输入信号或上一个芯片数据输出信号是否断线或短路，若断线则飞线连接，若短路则消除短路。

4. 列扫描异常

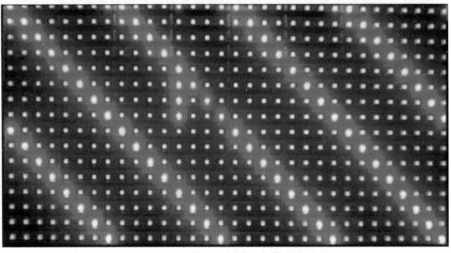

图 5-1-15 LED 单色显示屏列扫描异常实物图

故障分析：

（1）驱动芯片损坏

（2）列信号与 GND 短路

处理方法：

更换控制该区域对应的 16188 芯片，若故障现象未排除；检测对应列信号是否短路，若短路则消除短路。

5. 死点

图 5-1-16 LED 单色显示屏死点实物图

故障分析：

（1）546 灯管损坏

（2）灯管正极断路

（3）灯管负极断路

（4）灯管正负极短路

处理方法：

更换灯管，若故障现象并未排除，检测灯管正负极是否断线和短路；若断线则飞线连接，若短路则消除短路。

思考与练习

1、请说出 LED 显示屏的基本工作原理。

2、请说说 LED 显示屏箱体的分类。

3、请说说 LED 单色显示屏调试方法。

4、请说说 LED 单色显示屏的常见故障及解决方法。

第六章　LED 彩色显示屏技术

LED 发光二极管彩色显示屏技术，是一种采用 R、G、B 三种颜色的发光二极管，构成的点阵作为基本单元（单元箱体），然后根据实际需要，采用不同的拼接方法，组合成品的一种显示技术。本章将以 LED 彩色点阵单元结构为基础，学习 LED 彩色显示屏的结构，LED 彩色显示屏的工作原理，LED 彩色显示屏的应用及其故障维修等知识。

§6—1　LED 彩色显示屏原理与结构

学习目标

1. 了解 LED 发光二极管彩色显示屏的结构。

2. 掌握 LED 发光二极管彩色显示屏的工作原理。

LED 彩色显示屏因其使用灵活，显示多样化，维护方便等优点在广告投放，路标指示等领域得到广泛应用，本节我们先来学习 LED 彩色显示屏的工作原理与结构。

6.1.1　LED 彩色显示屏结构与安装工艺

学习目标

1. 了解 LED 发光二极管彩色显示屏的结构。

2. 掌握 LED 发光二极管彩色显示屏的安装方法及安装工艺要求。

LED 彩色显示屏因使用场合不同，结构差异较大，其工作原理与液晶电视机工作原理也有较大的差别。本节我们先来了解 LED 彩色显示屏的分类、结构，以及 LED 彩色显示屏的安装工艺等方面的内容。

一、LED 彩色显示屏的分类

LED 彩色显示屏根据不同的标准、不同的使用场合，有不同的分类，具体如下。

1. 按照使用环境来分

根据使用环境的不同，可以分为室内显示屏和室外显示屏。其中室内显示屏，根据安装方式的不同又可以分为挂装式显示屏、吊装式显示屏、架装式显示屏等；室外显示屏，根据安装方式的不同，又分为落地支撑式显示屏，立柱式显示屏、镶嵌式显示屏和屋顶式显示屏等。见表 6-1-1。

表 6-1-1 常见 LED 显示屏

室内显示屏		
挂装式显示屏	吊装式显示屏	架装式显示屏
室外显示屏		
落地支撑式显示屏	立柱式显示屏	镶嵌式显示屏

2. 按照显示内容来分

根据显示内容的不同，可以分为图文式显示屏和视频式显示屏，如图 6-1-1 所示。

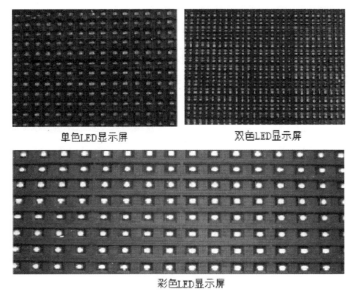

单色LED显示屏　　　　双色LED显示屏

彩色LED显示屏

图 6-1-1 图文式 LED 显示屏单元板实物图

3. 按照单元板显示密度来分

根据使用单元板显示密度的不同，又可以分为 P3 显示屏、P4 显示屏、P5 显示屏等，如图 6-1-2 所示。其中，P3 显示屏表示像素的间距是 3mm，P5 显示屏表示像素的间距是 5mm 等，间距越小，分辨率越高，画面越逼真。

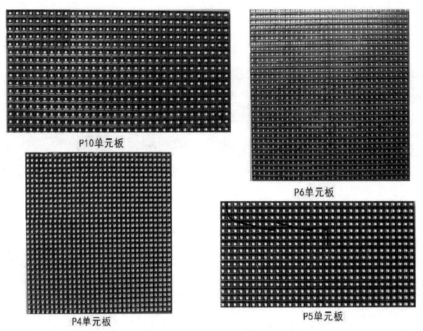

图 6-1-2 几种常见的 LED 彩色显示屏单元板

二、LED 显示屏的结构

LED 彩色显示屏是根据实际需要，由不同的单元板拼接而成的，其组成结构、安装方法如下。

1. LED 彩色显示系统的组成

高清 LED 彩色显示系统，一般由钣金箱体系统、强电控制系统、弱电控制系统、结构框架系统、通风系统、外装璜装饰六部分组成。如图 6-1-3 所示，根据实际需要，还有钢立柱、混凝土立柱等组成部分。

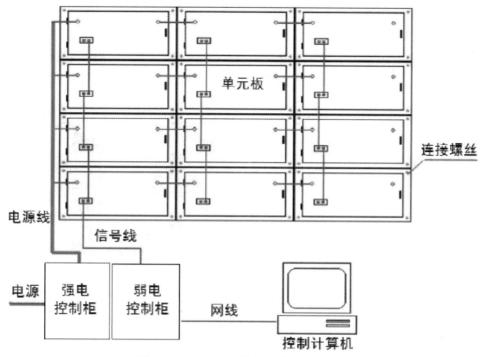

图 6-1-3 LED 显示控制系统的基本结构

有时根据实际需要，还会增加多媒体设备、音响、视频处理器、远程控制器、音视频矩阵器等设备，如图 6-1-4 所示。

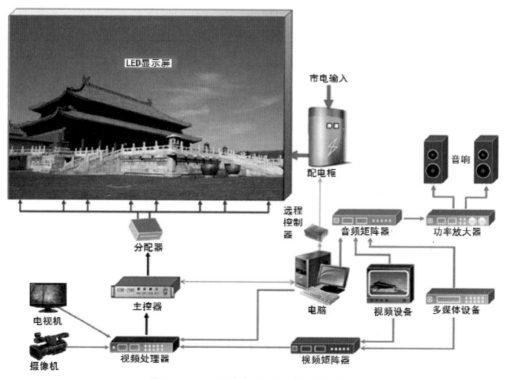

图 6-1-4 LED 彩色显示系统的拓扑结构

3.LED彩色显示屏的组成

LED彩色显示屏是由多个单元箱体构成的，如图6-1-5所示。每个单元箱体由单元板、边框、拐角、角铝、电源线、数据线、螺丝、铜柱、螺帽（磁柱）、电源、控制卡等组成，见表6-1-2。

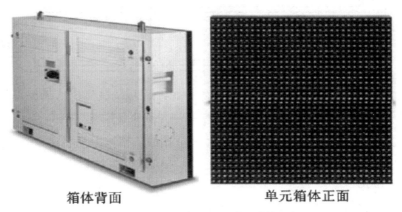

箱体背面　　　　　　　　　　单元箱体正面

图6-1-5 LED彩色显示屏单元箱体实物图

表6-1-2 单元箱体内部主要物料清单

序号	名称	实物图样	备注
1	单元板		1.单元板根据不同产品，型号有所不同 2.室内与室外使用的单元板，正面和背面的结构有所不同，但是背面的接线原理是一样的
2	电源		根据显示屏功率的大小，来决定使用电源，一般一块标准的5V/40A电源，可以带动8到10块的单元板
3	控制卡		1.控制卡用于连接电脑主机和LED显示屏 2.控制卡的质量与显示屏图像的稳定程度密切相关，控制卡使用不当会令显示屏的效果大打折扣，比如出现阴影，字幕抖动等 说明：对视频显示用LED显示屏，一般不叫控制卡，而称为机芯板

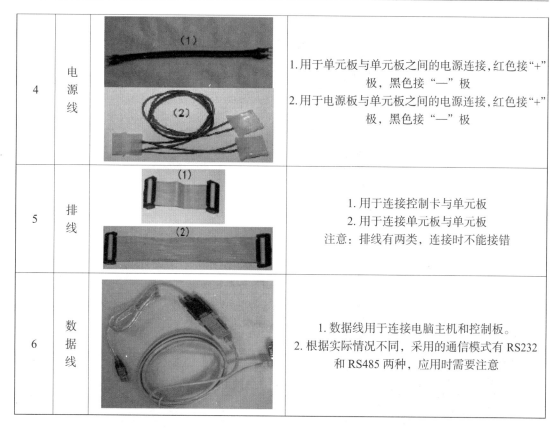

4	电源线		1.用于单元板与单元板之间的电源连接,红色接"+"极,黑色接"—"极 2.用于电源板与单元板之间的电源连接,红色接"+"极,黑色接"—"极
5	排线		1.用于连接控制卡与单元板 2.用于连接单元板与单元板 注意:排线有两类,连接时不能接错
6	数据线		1.数据线用于连接电脑主机和控制板。 2.根据实际情况不同,采用的通信模式有 RS232 和 RS485 两种,应用时需要注意

三、LED 彩色显示屏的安装

1. LED 彩色显示屏的安装步骤

LED 彩色显示屏的安装,主要指单元箱体的安装。大尺寸的 LED 显示屏必须将多个单元箱体进行拼接。

（1）单元箱体的安装

LED 彩色显示屏是采用单元板拼接而成的,LED 彩色显示屏的安装实际就是箱体的安装,其安装步骤如下。

1）选定单元板的型号,确定单元板的尺寸,需要精确到毫米。比如 P10 单元板,其尺寸为 160mmx320mm。

2）计算出显示屏内单元板拼接以后的高度和宽度。例如纵向 2 块拼接,那么高就是 2x160mm=320mm, 横向 5 块拼接,那么宽为 320mmx5=1600mm。

3）在计算好的尺寸中减去 4mm。如上述的拼接方式,其净尺寸为 320mmx1600mm,那么外框铝材的尺寸应为（320mm-4mm）x（1600mm-4mm）=316mmx1596mm。316mm 和 1596mm 就是铝材的实际尺寸。

4）按照计算好的尺寸裁剪好边框,如图 6-1-6 所示。

图 6-1-6 裁切好的边框材料

5)把裁切好的边框用自攻丝连接好,如图 6-1-7 所示。并清理干净杂物,正面朝下放好。

 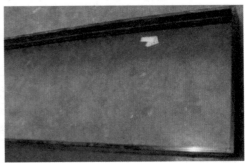

图 6-1-7 外框边角连接示例及成品外框

6)将安装好的外框平放在地面上,按照单元板背后的箭头方向,把单元板依次排列起来并用螺丝固定。注意不可以把单元板安装方向装错,如图 6-1-8 所示。

图 6-1-8 单元板铺设示意图

7)把磁铁托柱装到单元板上,并把磁片(磁铁作用是固定电路板)放入托柱的凹槽里,如图 6-1-9 所示。

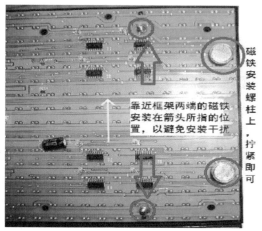

图 6-1-9 磁铁安装示意图

8）量好钢质龙骨所需要的长度并截好，放到磁铁上，尽量让磁铁在龙骨的中央位置，防止距离有偏差，如图 6-1-10 所示。

图 6-1-10 磁铁与龙骨安装示意图

9）把龙骨用自攻丝和边框连接好，如图 6-1-11 所示。

图 6-1-11 龙骨安装完成示意图

10）用排线把单元板连接起来，如图 6-1-12 所示，不能让排线有弯曲的现象。

图 6-1-12 排线连接示意图

图 6-1-13 电源板安装示意图

11）根据整屏单元板的数量判断所需电源，并把电源固定到合适位置，电源一般放在显示屏下方的型材上，如图 6-1-13 所示。注意电源板与单元板的绝缘。

12）根据图 6-1-14 连接电源线。注意电源线不能盲目地连接，显示屏虽然是低压工作，但是电流很大，因此不能全部并联供电。一块 P10 单元板的满电流一般为 4A，工作电压为 5V，因此一块 40A 的电源大约可以带 9 张单元板（一般不可满负荷使用）。显示屏的线路为并联，就是正极连正极（红线），负极连负极（黑线），一般用符号 VCC，+5V，+V 代表正极，用符号 GND，COM，-V 代表负极，如图 6-1-15 所示。

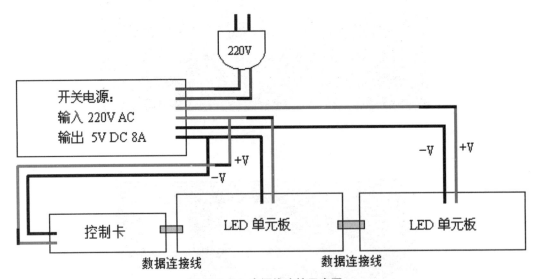

图 6-1-14 电源线连接示意图

图 6-1-15　电源线连接图样

13）安装控制卡，并将控制卡与单元板、电源板连接。如图 6-1-16 所示。注意控制卡的排线接单元板的输入接口，而且控制卡的插针是有顺序之分的。如 JK1、JK2…或者 J1、J2…，JP1、JP2…等，1 号插针需连接到单元板输入端箭头最上方的那一块单元板。为了避免出错，一般控制卡插针 1 的周边有小白色的字母 A，单元板的输入端也有此类字符，只要把两个 A 用排线进行平行的连接，就是正确的。

14）做好清理工作，把屏里面的杂物清理干净，防止带导电的铝末，铁末，线头掉入电路板内引起单元板短路。清理工作做好后，安装好后盖。至此，LED 显示屏单元箱体的硬件安装工作结束。

图 6-1-16　控制板的安装与连接示意图

（2）户外 LED 彩色显示屏的安装

对于户外 LED 显示屏来说，单元箱体的安装方法是大同小异的，由于是在户外使用，在安装户外 LED 显示屏时，必须注意以下几点。

1）显示屏及建筑物上应安装避雷装置

显示屏主体和外壳保持良好的接地，接地电阻要小于 4 欧姆，使雷电引起的电流能及时释放。

2）LED 彩色显示屏应该采取防水措施

LED彩色显示屏安装在户外，经常日晒雨淋，工作环境恶劣。电子设备被淋湿或严重受潮会引起短路甚至起火，引发故障甚至导致火灾，造成损失。因此户外LED彩色显示屏屏体、屏体与建筑的结合部必须严格防水，屏体要有良好的排水措施，一旦发生积水能顺利排放，同时要有防潮措施。

3）电路芯片选择

户外LED彩色显示屏单元板上的芯片需选用工作温度在-40℃~80℃之间的工业级集成电路芯片，防止冬季温度过低时显示屏不能启动。

4）安装通风设备进行降温，使屏体内部温度在-10℃~40℃之间。

户外LED彩色显示屏屏体背后上方，需要安装轴流风机排出热量。由于显示屏工作时本身就要产生一定的热量，如果环境温度过高而散热又不良，集成电路可能工作不正常，甚至被烧毁，从而使显示系统无法正常工作。

5）发光二极管的选择

由于户外LED彩色显示屏受众面宽，视距要求远，视野要求广，环境光变化大，特别是可能受到阳光直射，为了保证在环境光强烈的情况下远距离可视，户外LED彩色显示屏必须选用超高亮度、视角宽阔、色彩纯正、一致协调、寿命超过10万小时发光二极管。目前最流行的发光二极管一般采用带遮沿方形筒体、硅胶密封、无金属化装配的封装形式，其外形精致美观，坚固耐用，具有防阳光直射、防尘、防水、防高温、防电路短路特点。

2. LED彩色显示屏的安装工艺

（1）施工环境要求

1）保证设备机房空气流畅。

2）注意防尘防水防静电。

3）避免阳光长时间直射。

4）远离热源和火源。

5）请勿放置在易爆气体环境中。

6）请勿放置在腐蚀性环境中。

7）请勿放置在强电磁环境中。

（2）设备搬运和维护要求

1）操作前，应先将设备固定在地板或其他稳固的物体上，如墙体或安装架。

2）设备及包装在运输、转运和使用时，应该保证设备的稳固，以避免从高处跌落，且勿堵塞通风口，严禁带电搬迁设备，严禁佩戴或携带可能导致搬迁过程发生危险的物件。

3）禁止人员踩踏、撞击和暴力操作设备及其包装，防止对设备或包装箱造成损坏。

4）安装板卡时，如果螺钉需要拧紧，必须使用工具操作。

5）插卡式设备中，禁止随意更换设备电源模块和热插拔卡片。

6）安装完设备，应清除设备区域的空包装材料。

7）触摸某些静电敏感元器件时，请佩戴防静电护腕，穿戴绝缘手套；板卡、板卡部件或模块必须采用独立防静电包装，禁止将板卡的电路面相互接触；禁止裸手触摸板卡电路、元件、连接器或接线槽。

8）远离易引雷的导体，以免造成对设备的雷击。

9）禁止擅自维修设备，只有通过培训的专业人员才可以维护设备，

10）定期清理散热孔上的灰尘，防止灰尘堵塞散热孔影响设备散热，在潮湿、腐蚀性环境下使用时，请做好防腐蚀、防潮处理。

（3）操作人员人身安全要求

1）安装设备时将设备放在稳固的位置，以防坠落造成231人身伤害。

2）安装设备时避免线材裸露，发生损坏时应及时维护或更换，以免造成触电。

3）严禁在雷雨天气下户外安装、操作设备和连接线缆。

4）安装、更换备件或维护过程中，请勿佩戴手表、戒指等金属饰品。

（4）LED显示屏现场安装规范

LED显示屏分室内、室外屏以及嵌入式安装、吊挂式安装和箱体式安装，安装LED显示屏必须按照"安装联系单"所要求的安装方式进行规范安装。

1）安装现场布置

为保障安装现场的安全，LED显示屏的施工现场在施工期间因严格遵守《建筑工程施工许可管理办法》、《建设工程施工管理条例》、《建设工程施工现场管理规定》等法律法规的要求划定安全施工区域，设置遮挡围栏和明显的标牌，安全规范的架设施工脚架和防护栏，严守用电安全，遵守消防管理规定，如图6-1-17所示。

图6-1-17 LED显示屏安装现场布置示意图

2）安全指示

为了防止和警示使用者或其他人受到人身安全危害或财产受到损失，安装现场必须设立相关的安全警示牌，LED显示屏施工现场常见的安全警示牌如表6-1-3所示，安全警示牌应该设立在施工现场出入口等醒目位置或者特定区域，如图6-1-17所示。

表 6-1-3 LED 显示屏施工现场常见的安全警示牌

序号	安全警示牌图样	安全警示牌意义
1	 非施工人员禁止入内	警示非施工人员飞必要不要入内。
2	 注意安全	注意安全警示牌
3	 当心触电	当心触电警示牌
4	 施工现场必须戴安全帽	佩戴安全帽警示牌
5	 当心落物	当心落物警示牌
6	 当心吊物	吊装操作警示牌
7	 当心坠落	高空作业，防止坠落警示牌
8	 当心压手	安装箱柜时，防止压手警示牌

3）箱体式安装工艺

箱体式 LED 显示屏安装的效果很大程度上取决于钢架的焊接精度，LED 显示屏钢架应具备如下特点。

①要求结构强度高、结构变形量小；安装面平整度高。

②钢架内部需预留足够检修空间，方便调试及后期维修。

③钢架本身结构要满足安全及电气安全要求。

在箱体式安装方式中，所有箱体都由钢架底梁来支撑，因此箱体式 LED 显示屏安装钢架的平整度取决于钢架底梁的水平度，为了增加钢架底梁的承重能力，防止变形，一般在底梁上加焊定位角钢，如图 6-1-18 所示。定位角钢既可以实现水平定位，还可以作为箱体的安装基础。

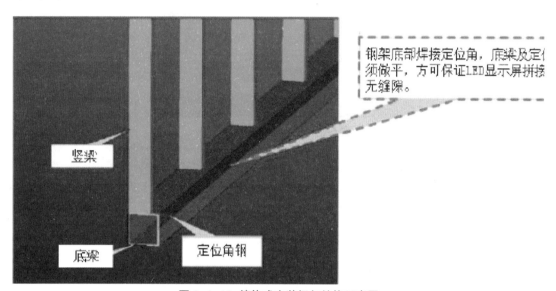

图 6-1-18　箱体式安装钢架结构示意图

当钢架安装好以后，从钢架中间开始安装单元箱体，单元箱体背部紧贴钢架竖梁，相邻箱体用安装连接件和螺丝固定，如图 6-1-19 所示。

图 6-1-19 箱体安装示意图

为了保证箱体式安装的平整度，从第二个单元箱体开始，每安装好一个单元箱体都需要与相邻箱体针对箱体间缝隙、箱体平面度、箱体水平度等进行校验调整，保证每个箱体安装后屏体整齐。当安装好一行箱体后，需要做整行箱体的平面度和水平度测量，如图6-1-20 所示。

图 6-1-20 整行箱体的平面度和水平度测量示意图

4）嵌入式安装工艺

①安装区域施工工艺

嵌入式安装是将 LED 显示屏整体嵌装进墙体的一种安装方式，因其不占用空间的特点，因此广泛用于面积较小的室内屏安装。嵌入式安装要求墙体为实心墙体，首先根据屏体面积大小在墙体上挖出同样大小面积的安装区域，要注意安装区域的洞口深度和预留包边装修空间，如图 6-1-21 所示。

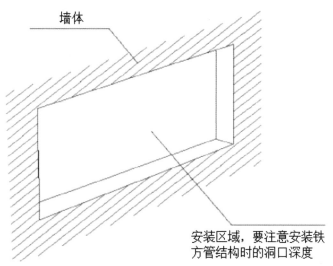

图 6-1-21 嵌入式安装安装区域布置示意图

②铁方管工艺

嵌入式安装方式的墙体分有槽钢和无槽钢两种安装方式，对有槽钢的墙体，将铁方管结构嵌入挖好的安装区域洞口内，如图 6-1-22 所示，铁方管上下均焊接于墙体槽钢上，左右连接角铁固定，根据屏的实际大小，每隔 70cm 距离固定一个角铁。

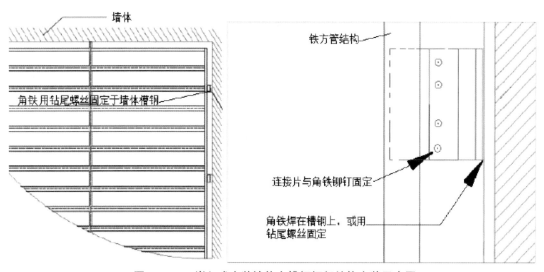

图 6-1-22 嵌入式安装墙体有槽钢钢架结构安装示意图

对没有槽钢的墙体，化学膨胀打入合适大小铁板，将铁方管焊在铁板上，焊点满焊，如图 6-1-23 所示。

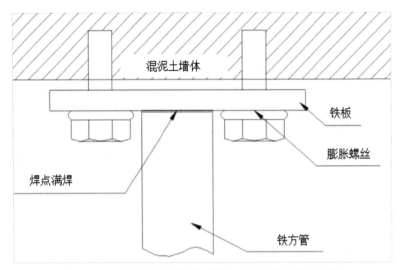

图 6-1-23 嵌入式安装墙体无槽钢钢架结构安装示意图

5）吊挂式安装工艺

吊挂式安装主要借助三角支架将 LED 显示屏吊挂在墙面，使其与墙面成一定的角度，以获得更好的观看角度，三角支架每隔 70CM 安装一个，如图 6-1-24 所示。

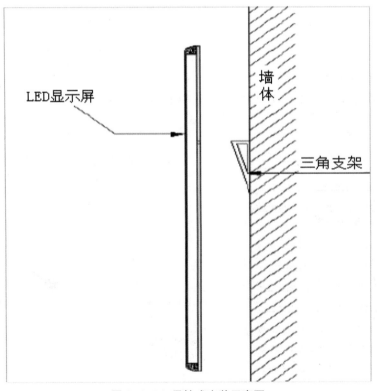

图 6-1-24 吊挂式安装示意图

6.1.2　LED 彩色显示屏的工作原理

学习目标

1. 了解 LED 发光二极管彩色显示屏的结构。

2. 掌握 LED 发光二极管彩色显示屏的工作原理。

LED 彩色显示屏虽然和液晶电视机一样采用扫面显示，但由于采用的驱动芯片不同，其工作原理与液晶电视机工作原理也有较大的差别，本节我们开始学习 LED 彩色显示屏电路的组成及其工作原理。

一、LED 彩色显示屏的扫描方式

LED 彩色显示屏在一定的显示区域内，同时点亮显示屏的行数与整个区域行数的比例称为扫描方式。室内单双色 LED 彩色显示屏一般采用 1/16 扫描，室内彩色 LED 显示屏一般采用 1/8 扫描，室外单双色 LED 显示屏一般采用 1/4 扫描。

二、静态扫描和动态扫描

目前市场上 LED 彩色显示屏的驱动方式有两种。从驱动 IC 的输出脚到像素点之间实行"点对点"的控制叫作静态扫描（驱动）。从驱动 IC 输出脚到像素点之间实行"点对列"的控制叫作动态扫描（驱动）。静态驱动不需要行控制电路，成本较高，但显示效果和稳定性好，亮度损失较小。动态扫描驱动需要行控制电路，成本虽较低，显示效果差，亮度损失较大。

目前，市场上 LED 彩色显示屏的驱动芯片，一般采用用国产 SM4953、台湾 MBI5026、日本东芝 TB62726 等。

三、LED 彩色显示屏单元板电路组成框图

采用 SM4953 作为驱动芯片的单元板电路，LED 彩色显示屏单元板里包含 SM16126、74LS138、74LS245 等驱动芯片，图 6-1-25 为其原理组成框图。

由图 6-1-17 可知，单元电路主要由：输入接口、输出接口、信号放大电路、行驱动电路、列驱动电路等构成的。控制卡通过信号输入接口输入的各种信号，一路经过 74LS245 放大之后，由信号输出接口送往下一个单元板，同时该信号经过 74LS138、SM4953 处理之后，作为行扫描信号送给 LED 彩色显示屏。输入接口的另一路信号经过 74LS245 放大，SM16126 变换之后，作为列扫描驱动信号发送给 LED 彩色显示屏，配合行扫描信号一起，驱动 LED 发光二极管显示屏按照要求显示发光。

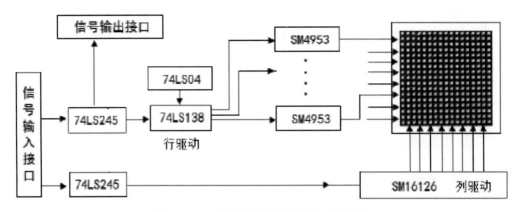

图 6-1-25 LED 彩色显示屏单元电路板框

四、主要芯片功能

1. 输入与输出接口信号

输入与输出接口电路，用于在控制卡与单元板之间、单元板与单元板之间进行连接，使信号从控制卡传入单元板中、从一块单元板传入另一块单元板中。

接口中传输的信号有哪些呢？主要有图像像素 R、G、B 三基色信号，行驱动编码 A、B、C 信号（三位二进制信号），时钟信号 CLK，使能控制信号 EN（有时用 OE 或 GCLK 表示），锁存控制信号 ST（有时用 LE 表示）。如图 6-1-26 所示。

有的彩色显示屏还有校正数据信号 MOSI、MISO、SCLK、CS。智能模组屏还有 TX、RX 信号。

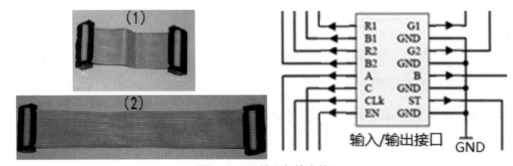

图 6-1-26 输入与输出接口

为了提高信号传输的稳定性及降低辐射，接口部分有上、下拉电阻或 RC 电路。

上、下拉电阻，主要应用于显示屏逻辑 IC 的信号输入端，因逻辑 IC 大部分都工作在高阻态状态，上、下拉电阻可以将幅度不确定的信号通过一个电阻嵌位在规定的电平，设置时可以通过调整电阻的阻值，设定电流值，电阻的取值通常是 $1k\Omega$-$10k\Omega$。

RC 电路主要是降低或消除信号传输的多次谐波，降低 EMC 辐射。

当信号接口中，信号断路时，显示屏都会出现显示异常的情况，如出现花屏（局部出现色块、局部出现黑屏），或全部黑屏。

2. 输入信号放大电路——74LS245(74HC245) 芯片

74LS245 是一个八路同相、三态门，可双向传输信号（数据）的集成电路，常用于单片机 Po 口信号驱动放大，.LED 驱动信号放大等。图 6-1-27 为 74LS245 的实物图和引脚功能图。图 6-1-28 为内部组成方框图。

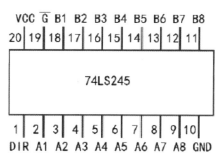

图 6-1-27 74LS245 的实物图和引脚功能图

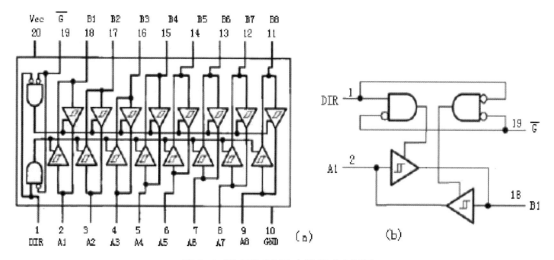

图 6-1-28 74LS245 内部组成方框图

（1）74LS245 引脚功能

74LS245 是一个 20 脚封装的芯片，其引脚功能，见表 6-1-4。

表 6-1-4　74LS245 引脚功能表

序号	引脚标记符号	引脚功能描述
1	DIR	输入 / 输出端口转换功能控制，需与 $\overline{G}$ 端配合使用
2	A1 ~ A8	A 组信号输入 / 输出
3	GND	芯片接地脚
4	B1 ~ B8	B 组信号输入 / 输出
5	$\overline{G}$	使能控制，需与 DIR 端配合使用
6	VCC	芯片电源输入

（2）74LS245 功能真值表

74LS245 必须在使能控制脚的帮助下，才能实现功能，它的运行功能，见表 6-1-5。

表 6-1-5 74LS245 运行功能真值表

序号	引脚状态 $\bar{G}$	引脚状态 DIR	运行功能描述
1	L	L	数据从 B 输入，从 A 输出
2	L	H	数据从 A 输入，从 B 输出
3	H	X	输入输出隔离，是高阻态

由表 6-1-5 可见，当 $\bar{G}$ 与 DIR 端都是低电平时，数据从 B 端输入，从 A 端输出，是接收信号状态。当 $\bar{G}$ 与 DIR 端分别是低电平 / 高电平时，数据从 A 端输入，从 B 端输出，是发送信号状态。实际应用电路，如图 6-1-29 所示。图中，$\bar{G}$ 端接地是低电平，DIR 端接 Vcc 是高电平，电路的工作状态是，串行数据从 A1 ～ A8 端输入，从 B1 ～ B8 串行输出，然后再送入列驱动电路中。

在 LED 显示屏中，一般工作在信号接收状态，当信号输入放大电路芯片工作不正常时，显示屏部分区域颜色会不正常，或部分区域不受控、不显示，即出现黑屏、花屏等故障现象。

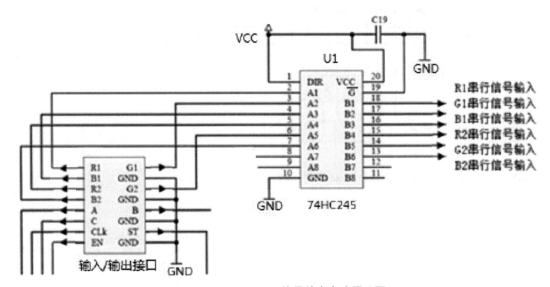

图 6-1-29 74HC245 信号放大电路原理图

3. 行驱动信号译码电路——74LS138 芯片

74LS138 为 3 线 -8 线二进制转十进制译码器，在 LED 显示屏单元板中，行扫描选通开关的作用。图 6-1-30 为其实物图和引脚功能图。

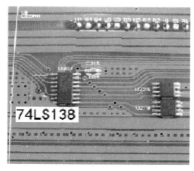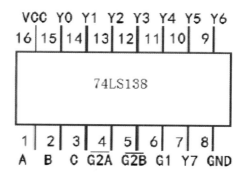

图 6-1-30 74LS138 的实物图和引脚功能图

（1）74LS138 引脚功能

74LS138 是一个 16 脚封装的芯片，其引脚功能，见表 6-1-6。

表 6-1-6 74LS138 引脚功能表

序号	引脚标记符号	引脚功能描述
1	A、B、C	译码地址输入端（有的显示屏只有 A、B 两位二进制码，一次可驱动的行列数少一些）
2	$\overline{G2A}$、$\overline{G2B}$	选通使能控制端（低电平有效）
3	G1	选通使能控制端（高电平有效）
4	Y0 ~ Y7	译码输出脚
5	GND	芯片接地脚
6	VCC	芯片电源输入

（2）74LS138 功能真值表

74LS138 要实现译码功能，各使能端子必须互相配合，其运行功能，见表 6-1-7。

表 6-1-7 74LS138 运行功能真值表

输入信号					译码输出信号							
控制输入信号		译码输入信号			译码输出信号							
G1	$\overline{G2A}$ + $\overline{G2B}$	C	B	A	Y0	Y1	Y2	Y3	Y4	Y5	Y6	Y7
0	X	X	X	X	1	1	1	1	1	1	1	1
X	1	X	X	X	1	1	1	1	1	1	1	1
1	0	0	0	0	0	1	1	1	1	1	1	1
1	0	0	0	1	1	0	1	1	1	1	1	1
1	0	0	1	0	1	1	0	1	1	1	1	1
1	0	0	1	1	1	1	1	0	1	1	1	1
1	0	1	0	0	1	1	1	1	0	1	1	1
1	0	1	0	1	1	1	1	1	1	0	1	1
1	0	1	1	0	1	1	1	1	1	1	0	1
1	0	1	1	1	1	1	1	1	1	1	1	0

在表 6-1-7 中，"0"表示低电平，"1"表示高电平，"X"表示无关项。译码输出端为低电平时，该输出端有效，每一组编码输入信号，对应一个输出，循环输出，依次控

制相应行 LED 灯的工作，直到完成行驱动任务。

4. 行驱动信号放大电路——SM4953 芯片

SM4953 是一个行驱动脉冲信号放大芯片，内部有两个完全一样的 P 沟道大功率场效应管。在单元板中，与 74LS138 进行配合，对行驱动脉冲信号进行放大，提高驱动能力，完成行驱动的任务。图 6-1-31 所示，为 SM4953 的实物图与内部结构图。

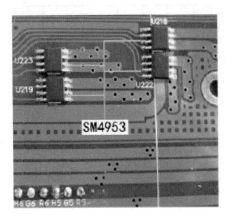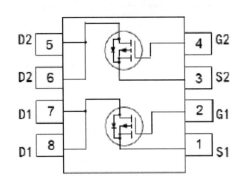

图 6-1-31 SM4953 实物图与内部结构图

由 74LS138(74HC138) 与 SM4953 组成的行驱动实际应用电路，如图 6-1-24 所示。

图 6-1-32 中，G1 端接 Vcc 为高电平状态；G2A 端与 74HC 的 4 脚相连，开机瞬间为低电平，让译码电路不工作，防止开机瞬间屏幕出现闪烁现象，开机完毕，成为高电平，让译码电路进入工作状态；G2B 端悬空，为高电平状态。

编码输入信号 A、B、C，由前级输出接口电路送来，每一组输入的编码信号，经过译码后，可以驱动两行的 LED 灯工作，如 Y0 端可以控制第 1 行与第 9 行 LED 灯的工作，为 1/8 扫描方式，每个 74LS138 芯片，共可以控制 16 行 LED 灯（像素）的工作。一个行数为 768 行的显示屏，显示屏第一次点亮的行数为 1、9、17、25、33……，共 96 行；第二次点亮的行数为 2、10、18、26、34……（共 96 行）；经过八次点亮，则 768（96x8=768）行全部就亮起来了。

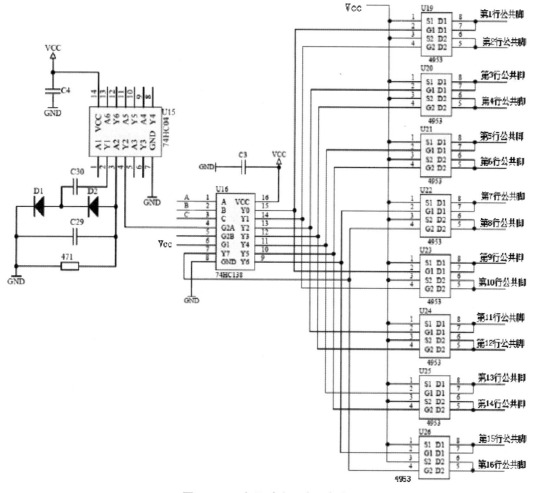

图 6-1-32 行驱动实际应用电路

74LS138(74HC138) 是 3-8 译码器，用 3 路输入信号可以控制 8 路输出信号分别选择。

图 6-1-33 是 4 扫驱动，只用到了 4 路输出。74HC138 有三路输入信号，未用到的输入信号必须接地。如果电路需要 16 扫或者 32 扫，需要多个 138 进行电路组合。

APM4953 每路输出可以带多行，实际应用时根据电流大小来决定，AMP4953 每路输出可以承受 4.5A 电流。一般使用时，电流应小于 3A 比较好。

行驱动电路常见的故障：

（1）74HC138 译码输出引脚之间连接短路，一半不亮或几行不亮。

（2）SM4953 行控制芯片故障：一行或者几行不亮。

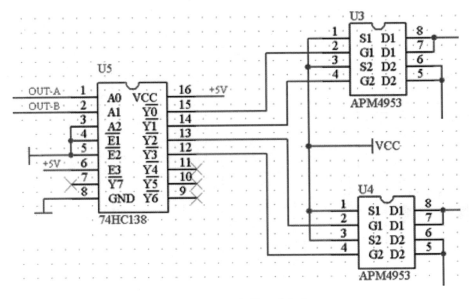

图 6-1-33 四扫描驱动电路

5. 列驱动信号电路——SM16126 芯片

SM16126 是专为 LED 发光二极管设计的列信号驱动芯片，它内部的 CMOS 位移寄存器和锁存器，可以将串行输入 R、G、B 的图像数据，转换成并行输出的数据格式。SM16126 能提供 16 路电流源输出，可以在每个输出端口，提供 3 ~ 60mA 的恒定电流来驱动 LED，同时还可以选用不同阻值的外接电阻，来调整各输出端口的电流大小，因此SM16126 可以精确地控制 LED 的发光亮度，也可以在每个输出端口串接多个 LED，图 6-1-34所示，为 SM16126 的实物图与引脚功能图。

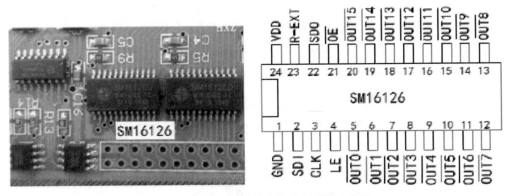

图 6-1-34 SM16126 的实物图与引脚功能图

（1）SM16126 引脚功能

SM16126 是一个 24 脚封装的芯片，其引脚功能，见表 6-1-8。

表 6-1-8　74LS138 引脚功能表

序号	引脚标记符号	引脚功能描述
1	GND	芯片接地脚
2	SDI	串行数据输入端（R 信号 /G 信号 /B 信号之一）
3	CLK	时钟信号输入端，时钟上升沿时移位数据
4	LE	数据锁存控制端，即输入接口电路中的 ST 端子。当 LE 是高电平时，串行数据被传入至输出锁存器，当 LE 为低电平时，数据被锁存
5	OUT0 ~ OUT15	恒流源输出端
6	$\overline{\text{OE}}$	输出使能控制端，即接口电路中的 EN 端子。当 OE 是低电平时，OUT0 ~ OUT15 输出数据，当 OE 是高电平时，OUT0 ~ OUT15 输出端关闭
7	SDO	串行数据输出端，可接到下一个芯片的 SDI 端口（R 信号 /G 信号 /B 信号之一）
8	R-EXT	连接外接电阻的输入端，通过外接电阻可以设定所有输出端口的输出电流，方便适合点亮不同功率的发光二极管
9	VDD	芯片电源输入端

（2）SM16126 功能真值表

SM16126 要正确控制 LED 显示屏，必须在各个能控制端和时钟的控制下进行，表 6-1-9 为 SM16126 的真值表。

表 6-1-9　74LS138 运行功能真值表

输入				输出		
CLK	LE	$\overline{\text{OE}}$	SDI	$\overline{\text{OUT0}} \dots \overline{\text{OUT7}} \dots \overline{\text{OUT15}}$		SDO
↑	H	L	Dn	$\overline{D_n} \dots \overline{D_{k+7}} \dots \overline{D_{k+15}}$		Dn+15
↑	L	L	Dn+1	不变		Dn+14
↑	H	L	Dn+2	$\overline{D_{n+1}} \dots \overline{D_{n+5}} \dots \overline{D_{n+11}}$		Dn+13
↑	X	L	Dn+3	$\overline{D_{n+1}} \dots \overline{D_{n+5}} \dots \overline{D_{n+11}}$		Dn+13
↑	X	H	Dn+3	LED 不亮		Dn+13

（3）SM16126 内部结构图

SM16126 内部形成了输出电流调节器、位移寄存器、锁存器等，其内部结构简单，内部框图，如图 6-1-35 所示。

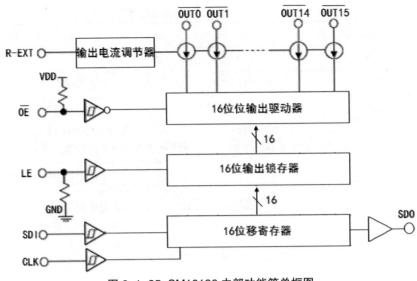

图 6-1-35 SM16126 内部功能简单框图

（4）SM16126 控制时序图

当 SM16126 正常工作时，其工作时序图，如图 6-1-36 所示。在时钟信号的控制下，图像像素数据（R 或 G 或 B）从 SDI 串行输入，时钟信号 CLK 每来一个脉冲，数据被移位寄存一次，在时钟信号的第 16 个脉冲到来之前，数据锁存信号 LE 端一直为低电平，输入的 16 位数据都被锁存住。在第 16 位时钟信号到来之后，LE 端变为高电平，16 位数据信号同时被送往输出驱动器，当 $\overline{OE}$ 端控制信号由高电平变为低电平时，16 位数据信号同时从 $\overline{OUT0}$ ~ $\overline{OUT15}$ 端并行输出。

目前，LED 显示屏都采用恒流驱动，也就是 LED 灯珠说在任何亮度（灰度），流过 LED 灯珠的峰值电流都是一直不变的，只是电压的有效值不同，输出电流恒定值的大小，由外接电阻 R-EXT 引脚端子所接电阻来决定，不同的亮度和灰度显示通过 PWM 来实现。

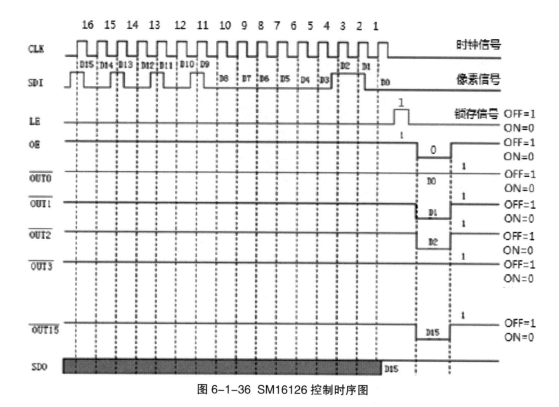

图 6-1-36 SM16126 控制时序图

列驱动电路常见的故障：

1）列驱动输出引脚虚焊或断路，该列（扫描屏）或单颗（静态屏）LED 灯不亮。

2）列驱动输出引脚之间连锡短路，LED 灯两列连亮。

3）输出引脚与 GND 连锡短路，小部分 LED 不亮。

4）驱动芯片公共引脚（VCC/GND/DIN/OE/CLK/STB 等）短路或断路，芯片所控制的 LED 不亮或常亮。

6.74LS04 芯片功能

74LS04 是一个 6 输入的反相器，图 6-1-37 为其实物图和引脚功能图。74LS04 的 4 脚与译码电路的 G2A 端相连，开机瞬间为低电平，让译码电路不工作，以防止出现开机闪烁干扰，开机完毕成为高电平，使译码电路进入工作状态。

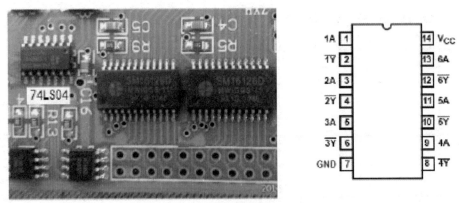

图 6-1-37 74LS04 实物图与引脚功能图

五、LED 显示屏行、列动态驱动原理

LED 显示屏行、列驱动原理，如图 6-1-38 所示。

由图可见，接口电路输入的行驱动编码 A、B、C 信号（三位二进制信号），送入行驱动电路中，通过译码电路，输出的信号送入各行发光二极管的阳极，完成阳极的驱动。

图像像素 R、G、B 三基色信号，时钟信号 CLK，控制信号 EN（有时用 OE 或 GCLK 表示），锁存控制信号 ST（有时用 LE 表示），分别送入 R、G、B 列驱动电路中。

R 像素信号经 R 驱动电路逻辑处理后，送往同一行中各列 R 发光二极管的阴极，完成 R 发光二极管的驱动。

G 像素信号经 G 驱动电路逻辑处理后，送往同一行中各列 G 发光二极管的阴极，完成 G 发光二极管的驱动。

B 像素信号经 B 驱动电路逻辑处理后，送往同一行中各列 B 发光二极管的阴极，完成 B 发光二极管的驱动。

同一个像素中的 R、G、B 二极管被驱动点亮后，就会出现彩色像点的效果。当同一个像点的 R、G、B 二极管发光的比例不同时，三基色光混合之后，就会出现成千上万种的彩色。

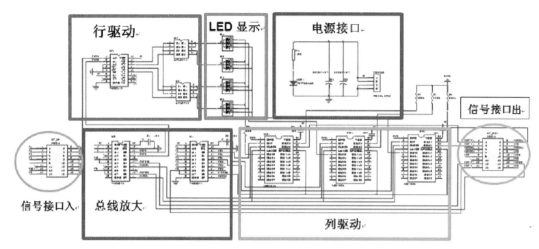

6-1-38 LED 显示屏部分行、列驱动原理

六、单元板电路图

彩色 LED 显示屏单元板整板电路图，见附图。由图可知，该单元板采用 1/8 的扫描方式，即 SM16126 的每一个驱动控制管脚，控制 8 行 LED 发光二极管，再配合 74LS138 和 SM4953 来驱动每一个发光二极管按照要求发光。

七、LED 发光二极管彩色显示屏软件的调试

目前，市场上 LED 发光二极管显示屏的调试软件有很多种，如 SCL2008Edit 等软件，可以按照要求，进行安装调试。

实训 6-1-10 LED 彩色显示屏的安装与调试

实训目的

1.学会安装 LED 发光二极管彩色显示屏。

2.学会运用相关的软件和仪器仪表，对 LED 发光二极彩色管显示屏进行调试。

实训设备与工具

板材裁切机、冲击钻、米尺、常规安装工具、电脑、LED 发光二极管显示屏物料、示波器等。

实训内容与步骤

一、LED 发光二极管彩色显示屏的安装

1.认识并清点 LED 发光二极管彩色显示屏的安装物料，并完成表 6-1-10 的填写。

表 6-1-10LED 发光二极管彩色显示屏物料盘点清单

序号	物料名称	物料数量	检测结果（OK/NG）
1			
2			
3			
4			

2.运用P10单元板，按照要求安装LED发光二极管显示屏

按照教材所述的安装步骤，将10块P10全彩LED显示屏单元板，按照纵向2块，横向5块的拼接方式，安装LED发光二极管显示屏。

二、LED发光二极管彩色显示屏的调试

按照教材所述的LED彩色显示屏调试步骤，对LED彩色显示屏进行调试。

§6—2　LED彩色显示屏的调试与维修

当LED显示屏组装好以后，我们需要用调试软件对LED显示屏进行电气参数、光学显示参数进行调整，使达到最佳环境显示效果。本节我们开始学习LED彩色显示屏的技术指标、参数调试，以及LED彩色显示屏的常见故障维修等方面的内容。

学习目标

1.了解LED发光二极管彩色显示屏的技术参数。

2.掌握LED发光二极管彩色显示屏的调试和检修方法。

6.2.1　LED彩色显示屏的调试

不同公司生产的LED彩色显示屏所用的调试软件不尽相同，本节我们以LEDVISION调试软件为例，学习LED彩色显示屏的屏体校正与配置、光学参数调试，以及LED显示屏播放设置等内容。

学习目标

1.了解LEDVISION软件的安装方法和主要功能。

2.掌握用LEDVISION软件对LED彩色显示屏进行调试的步骤和方法。

一、LEDVISION软件的安装

1.访问卡莱特科技官网www.colorlightinside.com，选择"服务支持\下载专区"，选择"软件下载"。在下载列表中，下载所需版本的软件安装包，如图6-2-1所示。

图 6-2-1 LEDVISION 软件下载方法示意图

2. 解压已下载的软件安装包"LEDVISION_Setup_x.x.xxxxx"，双击安装图标"●LEDVISION_Setup_x.x.xxxxx"，在弹出的对话框中勾选"我已阅读并同意: 软件使用协议"，点击"自定义安装"，如图 6-2-2 所示。

图 6-2-2 LEDVISION 安装向导示意图

图 6-2-3 自定义安装对话框操作示意图

  4.在弹出的自定义对话框中设置软件安装路径，勾选所有的安装组建，然后点击"立即安装"，如图 6-2-3 所示。

  5.弹出软件安装进度显示界面，等待软件安装完成，如图 6-2-4 所示。

图 6-2-4 LEDVISION 软件安装进度显示界面

6. 安装将要完成时，同步弹出"WinPcap 安装向导"对话框，点击"WinPcap 安装向导"的"Next"按钮，如图 6-2-5 所示。

图 6-2-5 WinPcap 安装向导示意图

7. 在弹出的"Licence Agreement"对话框中，点击"I Agree"，如图 6-2-6 所示。

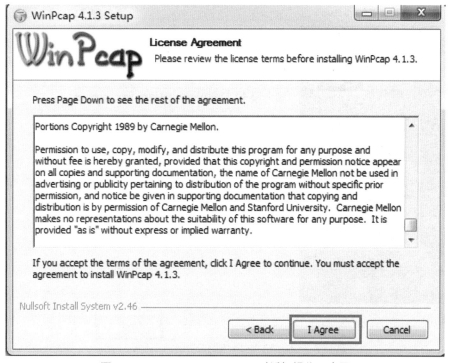

图 6-2-6 Licence Agreement 对话框操作示意图

8. 在弹出的"Installation options"对话框中，点击"Install"，如图 6-2-7 所示。

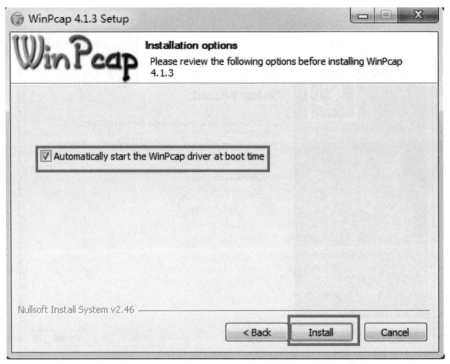

图 6-2-7 Installation options 对话框操作示意图

9. 安装完成后，在弹出的"安装完成"对话框中点击"Finish"，如图 6-2-8 所示。

图 6-2-8 WinPcap 安装完成对话框操作示意图

10.返回"LEDVISION安装完成向导"对话框，点击"完成安装"按钮，如图6-2-9所示。此时软件安装成功，桌面显示快捷方式 ![] 。

图6-2-9 LEDVISION 安装完成向导对话框操作示意图

二、认识 LEDVISION 软件

双击桌面 LEDVISION 快捷图标 ![] ，首次使用软件会弹出"环境检测"界面，如图6-2-10 所示。主要检测计算机与 LEDVISION 软件使用时匹配情况。

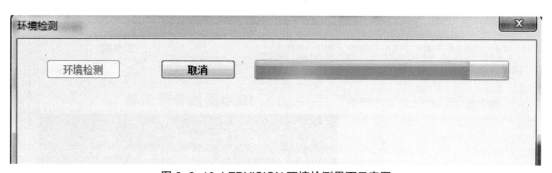

图6-2-10 LEDVISION 环境检测界面示意图

检测完成以后，会详细显示计算机配置是否满足 LEDVISION 软件的运行要求，不合格项会以▲标识，如图6-2-11 所示。

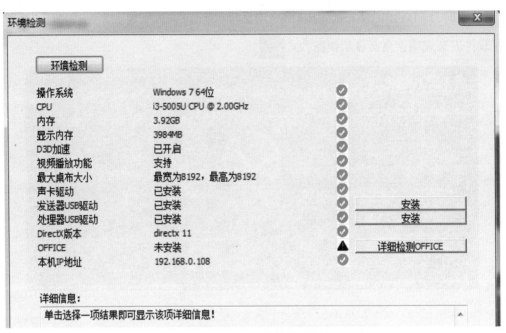

图 6-2-10 LEDVISION 环境检测完成界面示意图

当所有检测项都合格以后关掉环境检测界面，此时我们又可以正常使用 LEDVISION 软件。

1. 认识 LEDVISION 软件界面

LEDVISION 软件界面包含两部分：播放窗口和主界面，如图 6-2-11 所示，

图 6-2-11 LEDVISION 软件界面示意图

（1）播放窗口

播放窗口是 LED 显示屏幕的仿真预览窗，在播放窗口内看到的内容即为 LED 显示屏上播放的内容，为避免失真，一般把播放窗口和 LED 显示屏大小设置相同。

（2）主界面

主界面分为 7 各区域，如图 6-2-11 所示，依次为① - 主菜单、② - 主工具条、③ - 节目编辑工具条、④ - 节目树区域、⑤ - 节目属性区域、⑥ - 点播列表、⑦ - 状态栏。

1）主菜单

主菜单包含文件、控制屏幕、播放、工具、设置、调试、帮助等子菜单。

①文件菜单

文件菜单主要用来对节目文件（*.VSN 文件）进行新建、打开、保存、另存为、节目打包以及打开最近播放的文件和退出 LEDVISION 软件，如图 6-2-12 所示。

图 6-2-12 文件菜单子菜单界面示意图

②控制屏幕菜单

控制屏幕菜单主要有屏幕管理（含显示屏设置、查看设备信息、屏幕大小和数量设置）、逐点校正、亮度调节、多功能卡设置、逐点检测、智慧模组信息、定时指令表，如图 6-2-13 所示。

图 6-2-13 控制屏幕菜单子菜单界面示意图

a 屏幕管理：主要用来设置 LED 显示屏屏幕的数量、大小及位置等相关参数。

b 逐点校正：对 LED 显示屏进行逐个像素点校正。

c 亮度调节：既可以手动调节显示屏的亮度、色温，也支持显示屏自动亮度调节。显示屏自动亮度调节需要多功能卡和亮度探头。

d 多功能卡设置：通过多功能卡显示环境温度、湿度等监控信息，并远程控制 LED 屏的亮度、温度以及电源开关等。

e 定时指令表：设置软件定时指令。定时指令包括自动播放 / 暂停节目、播放指定节目、打开 / 关闭大屏电源（需要多功能卡配合）、打开 / 关闭大屏幕显示、设置显示屏亮度、显示 / 隐藏播放窗口、重启软件、关闭软件、重启电脑、关闭电脑等。

③播放菜单

播放菜单用于与节目福放相关的操作，主要包括播放、暂停、停止、播放特定节目页、播放上一节目页、播放下一节目页、播放通知、字幕控制、体育比分调节、播放 PowerPoint 等，也支持查看播放日志，了解节目播放的详细信息，如图 3-6-2-14 所示。

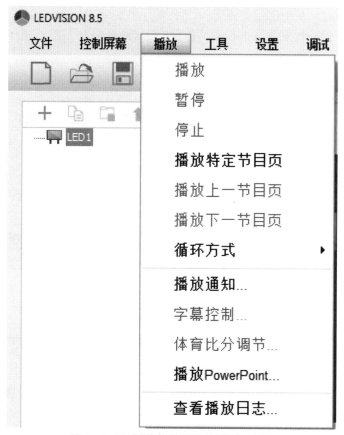

图 6-2-14 播放菜单子菜单界面示意图

④工具菜单

工具菜单主要用来调用系统软件，如 Word、Excel、PowerPoint、画图、写字板、计算器等，如图 6-2-15 所示。软件暂时只支持使用 Microsoft office 的 Word、Excel、PowerPoint，如果电脑没有安装 Microsoft qffice，软件将不能使用 Word、Excel、PowerPoint。

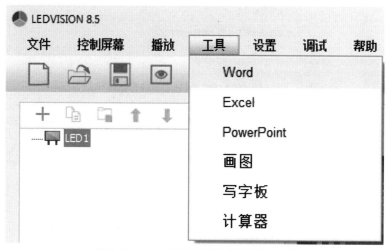

图 6-2-15 工具菜单子菜单界面示意图

⑤设置菜单

设置菜单用于对软件和硬件进行相关设置，包括软件设置、语言、用户管理如图 6-2-16 所示。

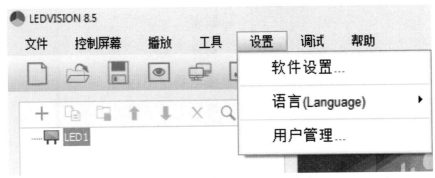

图 6-2-16 工具菜单子菜单界面示意图

a 软件设置：主要包括播放设置、启动设置、播放窗口、定时设置、网络设置、快捷操作及其他设置，如图 6-2-17 所示。

b 语言 (Language)：用时根据用户需求选择不同的语言，如图 6-2-18 所示，软件支持简体中文、繁体中文、英语等 10 种语言。

c 用户管理：用户管理用于设置用户的使用权限，支持管理员、普通用户受限用户三种权限。

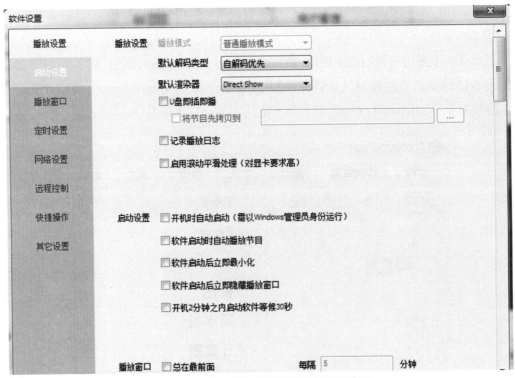

图 6-2-17 软件设置菜单子菜单界面示意图

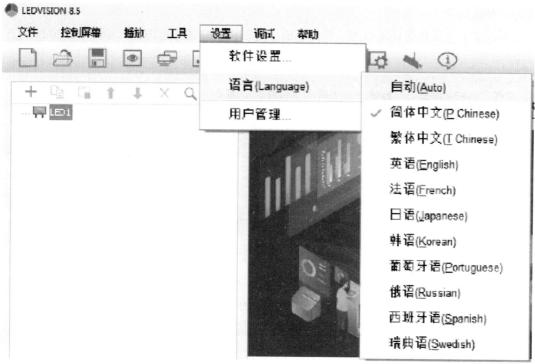

图 6-2-18 语言 (Language) 菜单子菜单界面示意图

⑥调试菜单

调试菜单提供多种用于生产测试、安装调试的显示模式。主要包括灰度测试、网格测试、色条测试、花点测试、老化测试、查看位置、查看颜色等，如图 6-2-19 所示。

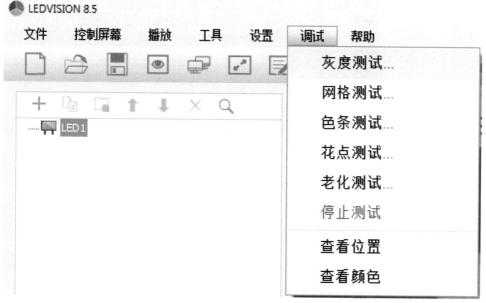

图 6-2-19 调试菜单子菜单界面示意图

⑦帮助菜单

帮助菜单主要包含环境检测、使用手册、更新说明、关于等内容，如图 6-2-20 所示。

图 6-2-20 帮助菜单子菜单界面示意图

a 环境检测：用于检测计算机和 LEDVISION 软件的匹配情况。

b 使用手册：用于调出 LEDVISION 软件的使用手册。

c 环境检测：用于介绍 LEDVISION 当前版本软件相比于之前版本的修改内容。

d 关于：用于介绍 LEDVISION 当前版本软件的更新日期等信息。

2）主工具条

主工具条包含了最常用的工具快捷图标，如表 6-2-1 所示。

表 6-2-1 主工具条快捷图标功能表

序号	快捷图标	图标功能
1		节目文件的新建 / 打开 / 保存
2		播放窗口的显示 / 隐藏
3		双显示器时的切换
4		屏幕大小和数量设置
5		软件主界面的展开 / 收起
6		节目播放控制的播放 / 暂停 / 停止
7		显示设置
8		显示屏设置
9		播放盒管理
10		实时监控
11		信息提示

3）节目编辑工具条

节目编辑工具条包含了对节目编辑时最常用的工具快捷图标，如表 6-2-2 所示。

表 6-2-2 节目工具条快捷图标功能表

序号	快捷图标	图标功能	功能描述
1	＋	添加	在相应的位置上添加节目窗口或添加播放内容条。
2	📋	拷贝	复制选中的项目及下面的所有内容。
3	📁	粘贴	粘贴复制的内容。
4	⬆	上移	移动选中的内容到前面。
5	⬇	下移	移动选中的内容到后面。
6	✕	删除	删除选中的项目及下面所有内容。
7	🔍	搜索	输入关键字找到所需内容进行相关操作。

4）节目树区域

LEDVISION 节目树区域由四部分组成，依次为 LED 显示屏、节目页、节目窗口和播放内容条，如图 6-2-21 所示。

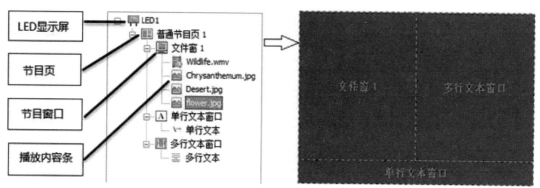

图 6-2-21 节目结构示意图

①LED 显示屏：用户使用的 LED 大屏幕，大屏幕上的显示内容由它决定。每个"LED 显示屏"之间是并列关系，在每个 LED 显示屏中可以添加多个节目页。

②节目页：节目页分为"全局节目页"和"普通节目页"两种。

③节目窗口：节目页可以添加多个节目窗口，不同节目窗口的内容不同，同一个节目页下面的节目窗口都是同时播放的。

④播放内容条：在 LED 屏幕上显示的具体内容包括视频、图片、Gif、Flash、文本文件、Office 文件、表格、时钟、计时、网页、数据库、天气预报、外部视频、环境信息、体育比分、桌面区域等。

每个 LED 屏幕中，节目页与节目页之间，同一节目窗口中内容与内容之间都是并列且依次播放的关系，而同个节目页下节目窗口与窗口之间是并列且同时播放的关系。

5）点播列表

点播列表中可以添加节目文件，然后直接点击播放。软件最大支持添加 6 个节目文件。没有添加节目单时，点击列表对应的图标只有一个"⊞"。点击"⊞"可以添加节目文件，有节目文件时，点击列表会有对应的图标。鼠标移到不同的图标上，会显示节目的路径及名字，点击不同图标，就可以点播不同节目，如图 6-2-22 所示。

图 6-2-22 点播列表图标界面

当需要对某个节目文件进行删除或替换时，移动鼠标到列表图标 "▦" 位置，单击鼠标右键，就可以对节目文件进行"删除"或"替换"操作如图 6-2-23 所示。

图 6-2-23 对节目文件进行删除或替换操作界面示意图

三、LEDVISION 节目结构

1. 节目页

LEDVISION 的播放文件对应为 *.vsn 的文件，由一个或多个节目页组成，节目页有两种，即普通节目页和全局节目页，如图6-2-24所示。每个节目页由一个或多个节目窗组成，节目窗是用来显示用户需要播放的内容。

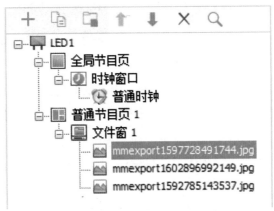

图 6-2-24 节目页界面示意图

（1）普通节目页

普通节目页是节目主要构件，可以有多个普通节目页，普通节目页可包含多个窗口，每个普通节目页可有不同的窗口布局。同一个 LED 显示屏可包含多个普通节目页，多个普通节目页按从上到下的方式循环播放。在多数情况下，一个 LED 显示屏只需要一个普通节目页即可。用鼠标左键点击普通节目页，可以调出普通节目页属性设置界面，对节目页背景图片、背景颜色、背景音乐和播放时长等进行设置，如图 6-2-25 所示。

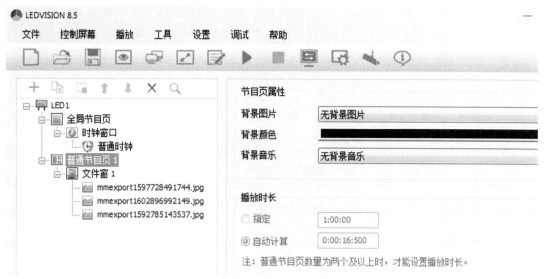

图 6-2-25 普通节目页属性界面示意图

（2）全局节目页

全局节目页只有一个，在整个节目播放过程中一直播放，可包含多个窗口。"全局节目页"与"普通节目页"为同步播放关系，"全局节目页"始终位于"普通节目页"的上层。如果希望在固定位置一直显示，例如时钟、天气预报、企业标识等内容，可将该媒体编辑到全局节目页中。每个屏幕只能设置一个全局节目页。用鼠标左键点击全局节目页，可以调出全局节目页属性设置界面，对节目页背景图片、背景颜色、背景音乐和播放时长等进行设置，如图 6-2-26 所示。

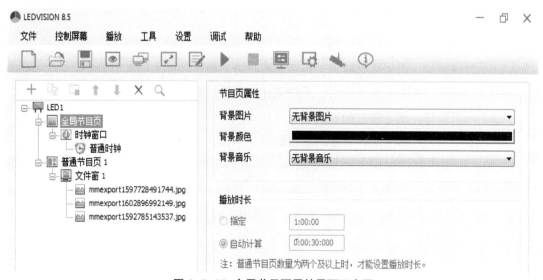

图 6-2-26 全局节目页属性界面示意图

2. 节目窗口

节目窗口是节目的播放分区窗口，决定节目页中节目的布局和叠放层次。节目窗口必须隶属于节目页，不能单独存在。用鼠标左键点击节目窗口名称，可以调出节目窗口属性设置界面，对窗口坐标、窗口高度、窗口宽度、窗口边框、窗口层次、窗口文件数量等进行设置，如图 6-2-27 所示。

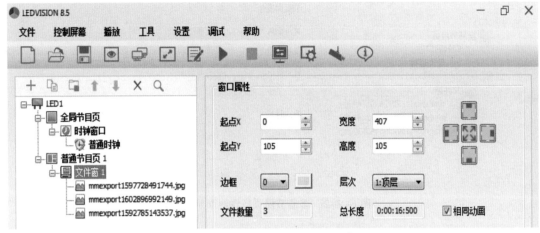

图 6-2-27 节目窗口属性界面示意图

节目窗口包含很多类型，包含文件窗、多行文本窗口、单行文本窗口、单列文本窗口、字幕窗口、时钟窗口、计时窗口、网页窗口、表格窗口、数据库窗口、天气预报窗口、外部视频窗口、环境信息窗口、体育比分窗口、桌面拷贝窗口等。

（1）文件窗：最通用的窗口，可以播放视频、图片、动画、文本、Office 等常用文件。

（2）多行文本窗口：用于播放多行文本，例如 RTF、Txt 等。

（3）单行文本窗口：用于播放单行文本，例如通知、广告等文字。

（4）单列文本窗口：用于播放单列文本。

（5）字幕窗口：用于播放字幕。

（6）时钟窗口：用于播放时钟，包括模拟时钟、数字时钟和精美时钟。

（7）计时窗口：用于播放计时，支持正计时和倒计时播放。

（8）网页窗口：用于播放网页。

（9）表格窗口：用于编辑、播放表格数据。

（10）数据库窗口：用于播放数据库。本软件一共支持五种数据库类型，分别是 Oracle、SQL Server、MySQL、ODBC、Access。

（11）天气预报窗口：用于播放地区天气预报，包括中国气象和全球气象。中国气象支持空气指数的显示。

（12）外部视频窗口：用于播放外部视频，外部视频采集设备主要有电视卡、采集卡、摄像头等。

（13）环境信息窗口：用于播放多功能卡或接收卡采集回来的温度、湿度、烟雾信息，也支持噪声显示。

（14）体育比分窗口：用于编辑、播放体育比分。

（15）桌面拷贝窗口：用于拷贝、播放桌面区域。

四、LEDVISION 节目编辑与播放

1. LEDVISION 节目编辑流程

（1）设定 LED 屏幕大小

LED 屏幕的大小一定要设置正确，一般设置与实际 LED 屏幕大小相同。LED 屏幕大小设置方法操作如下：

选择主菜单"控制屏幕"→"屏幕大小和数量设置"，弹出"屏幕大小和数量"窗口，在改窗口中设置 LED 屏幕的数量和屏幕起始位置、大小等，如图 6-2-28 所示。

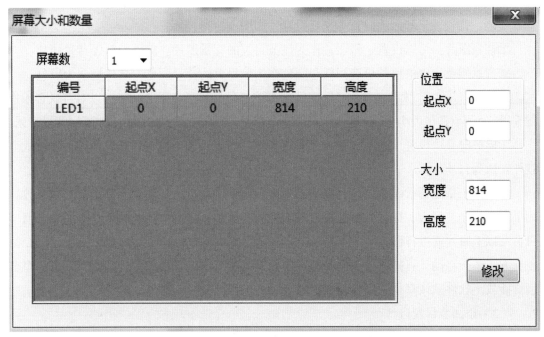

图 6-2-28 屏幕大小和数量设置界面示意图

（2）新建节目页

新建节目页既可以通过鼠标点击节目编辑工具条上"➕"按钮，弹出菜单来新建节目页，如图 6-2-29 所示，也可以通过单击鼠标右键，弹出右键菜单来新建节目页。

图 6-2-29 新建节目页操作界面示意图

　　用鼠标左键点击普通节目页，可以调出普通节目页属性设置界面，对节目页背景图片、背景颜色、背景音乐和播放时长等进行设置，如图 6-2-25 所示。

　　①背景图片：可以设置一张图片作为该节目页的背景图片。软件默认无背景图片。

　　②背景颜色：单击色条可选择任意颜色作为节目页的背景颜色。软件默认为黑色。

　　③背景音乐：可以添加多个音频文件作为该节目页背景音乐，同时可以对背景音乐进行编辑，如调节音量大小等。背景音乐隶属于节目页，不同的节目页需要添加不同背景音乐。

　　④播放时长：设置该节目页播放的时长。有"指定"和"自动计算"两种设置方式。软件默认为自动计算。

　　方式一：指定播放时长。节目页播放一个设定的时间后，跳转到下一个节目页播放。如果只有一个节目页，则软件不能设置规定播放时长，指定播放时长只能是有两个普通节目页及以上时才能进行设置。

　　方式二：自动计算播放时长。等待本节目页内所有的内容播放完后，跳转到下一个节目页播放。软件默认都是采用自动计算播放时长。

　　（3）添加节目窗口

　　建立节目页后，选中节目页，用鼠标右击节目页节点或点击节目工具条上的"＋"按钮弹出添加节目窗口菜单，如图 6-2-30 所示。

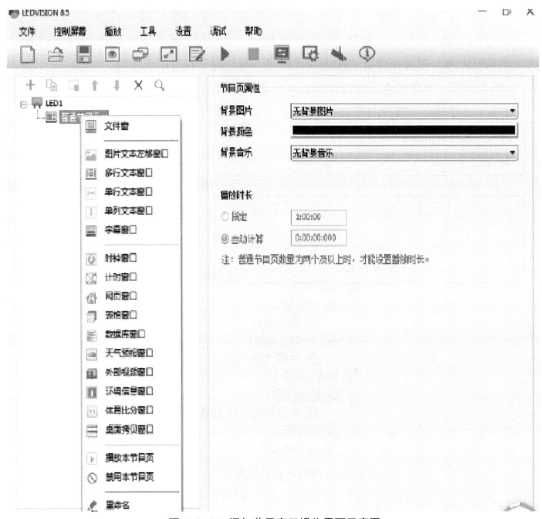

图 6-2-30 添加节目窗口操作界面示意图

新添加的窗口，其位置和大小是根据当前播放窗口的大小自动计算的，用户可根据实际的需要调整位置和大小，调节窗口的大小和文字有如下两种方式：

方式一：选中显示屏桌布上的播放窗口，使用鼠标拖动来调节播放窗口的大小和位置。选中窗口边框，鼠标拖动改变窗口大小；选中窗口非边框任意区域，鼠标拖动改变窗口位置。

方式二：直接在窗口属性中进行设置，如图 6-2-27 所示。

1) 起点 X：窗口左上角顶点相对于 LED 屏幕左边界的位置，以像素为单位。

2) 起点 Y：窗口左上角顶点相对于 LED 屏幕上边界的位置，以像素为单位。

3) 宽度：窗口的宽度，以像素为单位。

4) 高度：窗口的高度，以像素为单位。

5) 窗口操作图标：对窗口进行操作，有靠左、靠右、靠上、靠下和最大化。

6) 边框：可以设置窗口边框线的宽度，以像素为单位。

7) 颜色：用于选择窗口边框线的颜色。

8) 层次：该窗口在本节目页中的层叠位置关系，"1：顶层"为最前面。

9) 相同动画：窗口内文件播放时的特效相同。去掉勾选此项，可以设置不同的特效。如去掉勾选此项，可将文件窗中的图片设置成不同的时长和进出场特效。

10) 总长度：本窗口内所有文件播放所需要的时间。

11) 文件数量：本窗口内节目文件的数量。

（4）编辑节目窗口

1) 删除节目窗口

当要删除某个节目窗口时，用鼠标左键点击选中要删除节目窗口，然后再用鼠标左键点击点击删除图标进行删除操作，如图 6-2-31 所示。

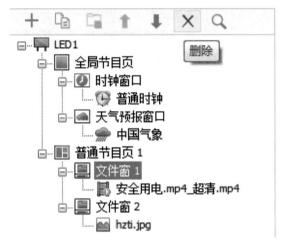

图 6-2-31 删除节目窗口操作界面示意图

2) 复制和粘贴节目窗口

若两个窗口需要显示一样的内容，编辑完一个窗口后，点击拷贝，再点击粘贴，即可快速创建内容完全一致的窗口，如图 6-2-32 所示。

另外，操作窗口时，除了使用"窗口编辑区"的工具栏菜单，还可使用窗口节点的右键菜单或显示屏上窗口区域的右键菜单来对节目窗口进行编辑，如图 6-2-33 所示。

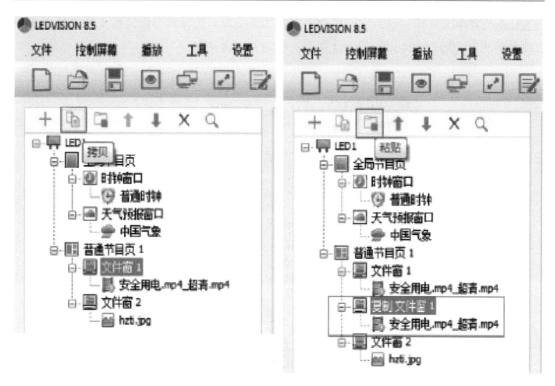

图 6-2-32 节目窗口复制和粘贴操作界面示意图

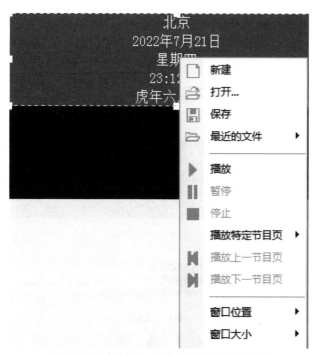

图 6-2-33 播放区右键菜单操作界面示意图

（5）添加素材

设置好节目页和节目窗口后，需要给予节目窗口添加播放素材，选中文件窗，点击添加按钮➕或者单击鼠标右键，就可以弹出素材选择菜单，选择需要播放的文件素材，就可以将各种类型的播放文件添加到文件窗中，如图6-2-34所示。

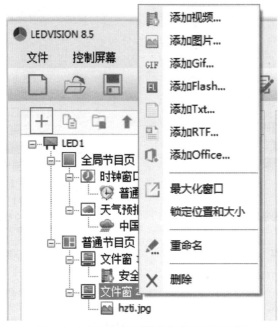

图 6-2-34 添加素材菜单操作界面示意图

经过上面几个步骤，已经完成一个节目页制作，如需在节目页中添加多个文件窗，或添加多个节目页，重复操作即可。制作完节目页，点击保存按钮🖫或选择菜单"文件"→"保存"进行节目保存。

保存好制作完成的节目页之后，如果想要得到仿真播放效果，点击播放按钮▶或选择主菜单"播放"→"播放"进行播放，并在播放窗口看到播放内容，如图6-2-35所示。

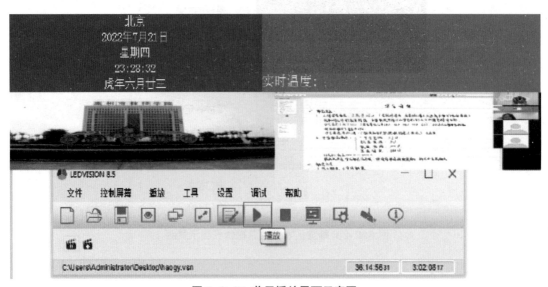

图 6-2-35 节目播放界面示意图

2. LEDVISION 常用型节目编辑与播放参数设置

（1）视频文件的编辑与播放参数的设置

1）添加视频素材

用鼠标右击"文件窗"或点击按钮➕，弹出菜单后点击"添加视频"，添加一个或多个视频文件素材，如图 6-2-36 所示。

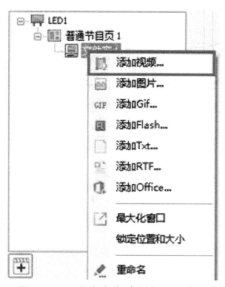

图 6-2-36 添加视频素材界面示意图

2）视频文件参数设置

用鼠标左键点击视频文件，调出视频文件属性界面，如图 6-2-37 所示，在此界面，可以对视频文件根据实际情况进行设置调节播放参数。

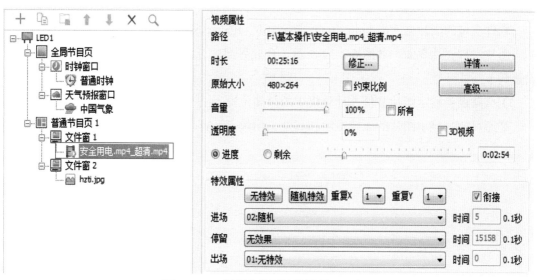

图 6-2-37 视频文件属性设置界面示意图

①路径：设置视频文件在计算机中的存储位置。

②时长：显示视频文件的实际播放时间长度。

③修正：时长是软件根据视频文件的属性计算出来的，如果用户发现软件计算时长有误，或者想改变文件时长，可以点击"修正"按钮，修正文件时长。

④原始大小：视频的原始宽度和高度，以像素计算。

⑤详情：点击"详情"按钮，可以看到该视频的详细信息。还可以在文件信息界面点击"查看其他视频"按钮，查看其他视频详情。

⑥音量：设置调节视频的音量，0% 时视频音量为 0，100% 时视频音量为最大。

⑦高级：点击"高级"按钮，软件会弹出高级属性界面，该界面可以选择视频解码类型（软件默认为自解码）；可以设置视频旋转、播放次数；可以设置声音淡入淡出、延迟时间；可以裁剪播放区域和播放时间，在视频上截取部分画面和部分时间段的内容进行播放。

⑧不透明度：设置调节视频文件的透明度。0% 时视频为全透明，不显示。

⑨约束比例：如果勾选此项，将按原始视频的宽高比进行显示。如果不勾选此项，则原始视频满窗口显示。

⑩进度及剩余时间：编辑时可以查看视频进度及剩余时间。

⑪ 特效属性：设置视频的播放特效，可选择无特效、随机特效，也可以选择某一个特定特效和出场特效持续时长，软件默认为无特效。

（2）图片文件的编辑与播放参数设置

1）添加视频素材

用鼠标右击"文件窗"或点击按钮 ➕，弹出菜单后点击"添加图片"，添加一个或多个图片文件，如图 6-2-38 所示。

2）图片文件参数设置

软件支持的图片格式有 bmp、png、jpg、tiff、tga、pcx 等，用鼠标左键点击图片文件，调出图片文件属性界面，如图 6-2-39 所示，在此界面，可以对图片文件根据实际情况进行设置调节播放参数。

①全路径：显示图片文件在计算机中的存储位置。

②原尺寸：显示图片的原始宽度和高度，用像素计算。

图 6-2-38 添加图片素材界面示意图

图 6-2-39 图片文件属性设置界面示意图

③约束比例：如果勾选此项，将按原始图片的宽高比进行显示。如果不勾选此项，则将原始图片满窗口显示。

④应用到所有图片：如果勾选"约束比例"，点击"应用到所有图片"，则该文件窗内所有图片都会约束比例。如果不勾选"约束比例"，点击"应用到所有图片"，则该文件窗内所有图片都变为不约束比例，所有图片将全部满窗口显示。

⑤不透明度：设置调节图片文件的透明度。0% 时图片为全透明，不能显示。

⑥播放次数：设置图片播放次数。软件采用分时播放原理，播放时会将文件窗中的文件全部按顺序播放一遍，再将文件窗中播放次数为 2 及以上的文件按顺序播放一遍，接着将文件窗中播放次数为 3 及以上的文件按顺序播放一遍，依此类推，直到所有文件播放完毕。

⑦旋转：可选择不旋转、垂直翻转、旋转180°、向左旋转90°、向右旋转90° 5种效果。

⑧特效属性：

a.无特效：无任何播放特效。

b.随机特效：所有特效设置为随机效果。

c.衔接：前一个节目文件的出场特效和后一个节目的入场特效相同且同时进行。

d.特效重复：可以把窗口分成最多16个小部分，分别使用特效，使效果更加细腻。

e.进场：画面进入时的特效类型。

f.出场：画面退出时的特效类型。

g.停留：图片进场后和出场前停留的时间，其单位为0.1秒。停留时还可选择闪烁功能，让图片播放更加精彩炫目；

h.时间：速度单位为0.1秒，表示特效动作完成的总时间，值越小，表示特效动作越快。

注意，如果文件窗中有多张图片，修改图片特效时软件默认会将文件窗中所有图片的特效一起改变。如果用户想给图片设置不同的特效，例如单独设置每张图片的播放时长、进出场特效，则需要先在文件窗属性中去掉"相同动画"前面的勾，即不勾选"相同动画"，如图6-2-40所示。

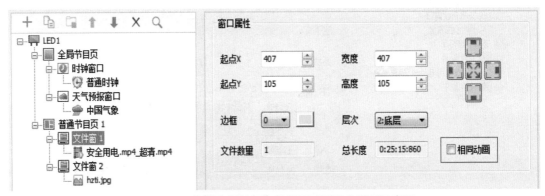

图6-2-40 文件窗属性不勾选相同动画操作界面示意图

（3）动画文件的编辑与播放参数设置

1）添加Gif素材

用鼠标右击"文件窗"或点击按钮➕，弹出菜单后点击"添加Gif"，添加一个或多个Gif文件，如图6-2-41所示。

图 6-2-41 添加 Gif 素材界面示意图

　　Gif 属性基本和图片属性相同，设置 Gif 属性时，请参考图片属性设置的内容。不过，Gif 属性和图片属性有一点不同，添加图片时软件默认每张图片的播放时长为 6s，添加 Gif 时软件是根据 Gif 的实际长短自动计算时长。

　　2）添加 Flash 素材

　　用鼠标右击"文件窗"或点击按钮，弹出菜单后点击"添加 Flash"，添加一个或多个 Flash 文件，如图 6-2-42 所示。

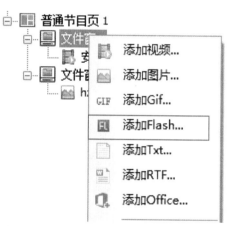

图 6-2-42 添加 Flash 素材界面示意图

　　3）Flash 文件参数设置

　　用鼠标左键点击 Flash 文件，调出 Flash 文件属性界面，如图 6-2-43 所示，在此界面，可以对 Flash 文件根据实际情况进行设置调节播放参数。

　　①路径：Flash 文件在计算机中的详细的路径。

　　②时长：Flash 文件的实际长度。

　　③修正：点击"修正"按钮，可以修正文件时长。

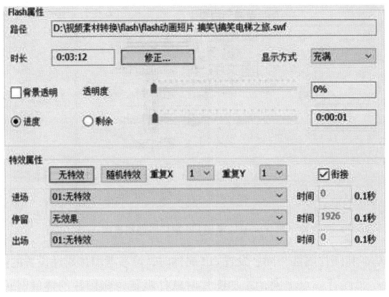

图 6-2-43 Flash 文件属性设置界面示意图

④显示方式：软件有四种显示方式：显示全部、无边界、充满、不缩放。软件默认显示为充满。

⑤背景透明：有些 Flash 文件设置了背景，勾选背景透明，可以隐藏背景。

⑥不透明度：自由调节 Flash 文件透明度。0% 时 Flash 为全透明，不能显示。

⑦进度及剩余时间：编辑时可以查看 Flash 文件进度和剩余时间。

⑧特效属性：可选择无特效、随机特效，也可以选择某一个特定特效，软件默认为无特效。

（4）Office 文件的编辑与播放参数设置

LEDVISION 软件如果需要播放 Office 文档，必须是系统安装了微软的 Microsoft office。如果系统安装的是 WPS 等其他办公软件，而没有安装 Microsoft office，则 LEDVISION 不支持 Office 文档播放。

1）添加 Office 素材

用鼠标右击"文件窗"或点击按钮➕，弹出菜单后点击"添加 Office"，添加一个或多个 Office 文件，如图 6-2-44 所示。

2）Word 文件参数设置

用鼠标左键点击 Word 文件，调出 Word 文件属性界面，如图 6-2-45 所示，在此界面，可以对 Word 文件根据实际情况进行设置调节播放参数。

为适应 LED 显示屏的显示特性，软件可以对 Word 文档播放的显示效果做反色处理、缩放适应窗口、约束比例、修正表格、保留页边距，也可以对 Word 文档进行编辑，还可以根据 Word 文档内容变化进行自动更新。

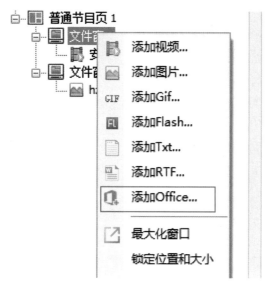

图 6-2-44　添加 Office 素材界面示意图

Word属性

全路径 C:\Users\yanglie\Desktop\多功能卡说明文档\多功能卡使用说明 编辑...

☐ 自动更新　更新间隔 10 秒　页数 18

☐ 缩放适应窗口　☐ 约束比例　☐ 修正表格　☐ 保留页边距

☐ 背景透明　背景颜色　☑ 反色

透明度　0%

特效属性

| 无特效 | 随机特效 | 重复X 1 ∨ | 重复Y 1 ∨ | ☑ 衔接 |

进场 02:随机　时间 5　0.1秒

停留 无效果　时间 50　0.1秒

出场 02:随机　时间 5　0.1秒

图 6-2-45　Word 文件属性设置界面示意图

3）Excel 文件参数设置

用鼠标左键点击 Excel 文件，调出 Excel 文件属性界面，如图 6-2-45 所示，在此界面，可以对 Excel 文件根据实际情况进行设置调节播放参数。

与 Excel 文档播放的显示效果一样，软件也可以对 Excel 文档播放的显示效果做反色处理、透明度设置。也可以对 Excel 文档进行编辑，还可以根据 Excel 文档内容变化进行自动更新。另外，Excel 文档还可以连续上移，勾选"连续上移"，播放时 Excel 文档就会连续上移来显示内容。

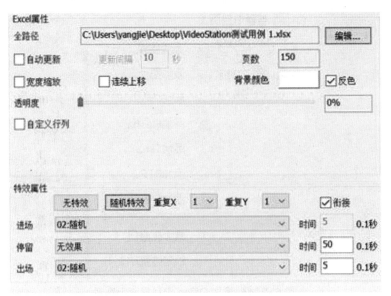

图 6-2-45 Excel 文件属性设置界面示意图

4）PowerPoint 文件参数设置

用鼠标左键点击 PowerPoint 文件，调出 PowerPoint 文件属性界面，如图 6-2-46 所示，在此界面，可以对 PowerPoint 文件根据实际情况进行设置调节播放参数。

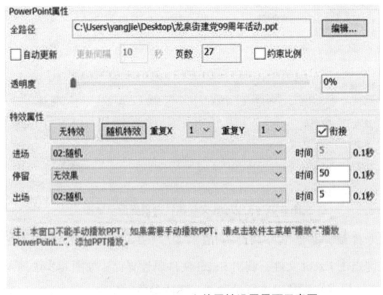

图 6-2-46 PowerPoint 文件属性设置界面示意图

LEDVISION 可以对 PowerPoint 文档进行约束比例设置，也可以设置不透明度。还可以根据 PowerPoint 文档内容变化进行自动更新。需要注意是在文件窗口中不能手动播放 PowerPoint 文档，如果用户有手动翻页播放 PowerPoint 文档的需求可以通过点击软件主菜单"播放"→"播放 PowerPoint..."，添加 PowerPoint 文档进行手动播放，而且在文件窗口中播放 PowerPoint 文档只能进行整页播放，如果用户在 PowerPoint 文档同一页中设置了多个层次内容，如图片堆叠等，软件播放时页面底层的内容将无法播放。

　　LEDVISION除了可以对上述常见类型的文件进行编辑和播放之外，还支持文本、计时、网页、表格、天气预报、外部视频等的编辑和播放；而且还支持定时播放，本章由于篇幅原因，不做详细介绍，用户读者可以查阅《卡莱特调试手册》做详细学习。

　　实训 6-2-1　LEDVISION 的安装与应用

　　实训目的：

　　1. 学会安装 LEDVISION 软件。

　　2. 学会运用 LEDVISION 软件编辑文件并驱动 LED 发光二极彩色管显示屏进行播放。

　　实训设备与工具

　　电脑，LED 彩色显示屏，配套线材，LEDVISION 软件等。

　　实训内容与步骤

一、LEDVISION 软件的安装

　　能正确下载 LEDVISION 软件安装包，并完成 LEDVISION 软件的安装。

二、LEDVISION 软件的应用

　　运用 LEDVISION 软件完成图 6-2-47 播放画面的制作。LED 显示屏各分区显示内容要求如下。

　　1. 时钟窗口：用于显示当前时间

　　2. 单位标志性图片，固定显示。

　　3. 单位宣传视频。

　　4. 单位联系方式，向上滚动显示。

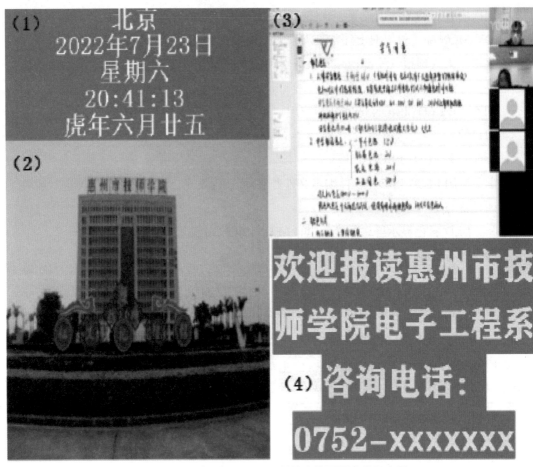

图 6-2-47 应用 LEDVISIN 制作宣传画面参考示意图

6.2.2 LED 彩色显示屏的技术指标

 **学习目标**

1. 了解 LED 彩色显示屏参数。

2. 了解 LED 彩色显示屏技术参数检测方法。

根据国标要求，LED 发光二极管彩色显示屏的技术参数，包含机械、光学、电学等技术性能指标。

一、LED 彩色显示屏的参数

1. LED 彩色显示屏的主要技术参数

LED 发光二极管彩色显示屏的主要技术参数，包含机械性能、光学性能、电气性能等方面的技术参数。

（1）机械性能

LED发光二极管彩色显示屏的机械性能，包含外壳防护等级、拼装精度两个方面。

1）外壳防护等级F

外壳防护等级F，由低到高分为三个等级标准，见表6-2-3。

表6-2-3 外壳防护等级标准

环境等级	A级	B级	C级
室内	IP30 > F≥IP20	IP31 > F≥IP30	F≥IP31
室外	IP54 > F≥IP33	IP66 > F≥IP54	F≥IP66

2）拼装精度

拼装精度包含平整度、像素中心距离相对偏差、水平相对错位、垂直相对错位等。

①平整度

平整度是指显示屏在任意范围内的凹凸偏差，用P来表示。平整度P由低到高分为三个等级，见表6-2-4。

表6-2-4 平整度划分等级

参数等级	A级	B级	C级
平整度	1.5 < P≤2.5	0.5 < P≤1.5	p≤0.5

②像素中心距离相对偏差

像素中心距离相对偏差为，任意相邻像素之间实测中心距，与标称中心距的相对误差，用Jx表示。像素中心距离相对偏差Jx，由低到高分为三个等级，见表6-2-5。

表6-2-5 像素中心距离相对偏差等级

参数等级	A级	B级	C级
像素中心距离相对偏差	7.5 < Jx ≤ 10	5 < Jx ≤ 7.5	Jx ≤ 5

③水平相对错位

LED发光二极管显示屏，在水平方向，向相邻模块形成的像素上下错位，称为水平相对错位，用Cs来表示。水平相对错位由低到高分为三个等级，见表6-2-6。

表6-2-6 水平相对错位等级

参数等级	A级	B级	C级
水平相对错位	7.5 < Cs≤10	5 < Cs≤7.5	Cs≤5

④垂直相对错位

LED发光二极管显示屏，在垂直方向，向相邻模块形成的像素左右错位，称为垂直相对错位，用Cc来表示。垂直相对错位由低到高分为三个等级，见表6-2-7。

表6-2-7 水平相对错位等级

参数等级	A级	B级	C级
垂直相对错位	7.5 < Cc≤10	5 < Cc≤7.5	Cc≤5

（2）光学性能

LED 发光二极管显示屏的光学性能，包含最大亮度、视角、最大对比度等参数，具体如下。

1）最大亮度

LED 发光二极管显示屏的最大亮度，定义为显示屏在一定的环境照度下，在最高灰度级和最高亮度级下测量的亮度，称为最大亮度。

2）视角

假设显示屏法线方向的亮度为 L_p，从显示屏法线中心到左右两侧，测量显示屏的亮度，当左右两侧的亮度值下降到 LF/2 时，两条观测线之间夹角 θs（0°＜θs＜180°）称为 LED 发光二极管显示屏水平方向的视角。从显示屏法线中心到上下两侧测量显示屏的亮度，当上下两侧的亮度值下降到 LF/2 时，两条观测线之间的夹角 θc（0°＜θc＜180°），称为 LED 发光二极管显示屏垂直方向的视角。

3）最高对比度

LED 发光二极管显示屏在一定的环境照度下，最大亮度与背景亮度之比，称为显示屏的最高对比度，用 C 来表示。

4）基色主波长误差

LED 发光二极管显示屏，基色主波长的实际值与标称值的误差 ΔλD，称为显示屏的基色主波长误差。基色主波长误差由低到高分为三个等级，见表6-2-8。

表 6-2-8 基色主波长误差等级

参数等级	A 级	B 级	C 级
基色主波长误差	7＜ΔλD≤9	5＜ΔλD≤7	ΔλD≤5

5）白场色坐标

由三基色组成的 LED 发光二极管显示屏，在显示白场时，对应 CIE1931 色度图中的 x、y 坐标，称为白场色坐标。色温在 6500K-9300K 范围内，白场色坐标的要求见表6-2-9。

表 6-2-9 白场色坐标范围

X 坐标	0.28	0.27	0.37	0.33
Y 坐标	0.25	0.3	0.33	0.37

6）亮度鉴别等级

人眼能够分辨的图像，从最黑到最白之间的亮度等级 Lj，称为 LED 发光二极管显示屏的亮度鉴别等级。亮度鉴别等级由低到高分为三个等级，见表6-2-10。

表 6-2-10 基色主波长误差等级

参数等级	A 级	B 级	C 级
亮度鉴别等级	8≤Lj＜12	12≤Lj＜20	Lj≥20

7）均匀性

均匀性包括像素光强均匀性、显示模块亮度均匀性和模组亮度均匀性。

1 像素光强均匀性

LED 发光二极管显示屏同一块屏中，像素与像素之间发光强度的一致性，称之为像素光强均匀性，用 IPJ 来表示。像素光强均匀性等级由低到高分为三个等级，见表 6-2-11。

表 6-2-11 像素光强均匀性等级

参数等级	A 级	B 级	C 级
像素光强均匀性	25% < IPJ≤50%	5% < IPJ≤25%	IPJ≤5%

2 显示模块亮度均匀性

LED 发光二极管显示屏中，由多个显示像素构成结构上独立的最小单元，称之为模块，也叫点阵。在同一款 LED 发光二极管显示屏中，模块相互之间的亮度一致性，称之为模块亮度均匀性，用 LMJ 来表示。显示模块亮度均匀性等级，由低到高分为三个等级，见表 6-2-12。

表 6-2-12 显示模块亮度均匀性等级

参数等级	A 级	B 级	C 级
显示模块亮度均匀性	20% < LMJ≤35%	5% < LMJ≤20%	LMJ≤5%

3 模组亮度均匀性

在 LED 发光二极管显示屏中，由若干个显示模块、驱动电路、控制电路及相应的结构件，构成一个独立的显示单元，称之为模组，或单元箱、单元板。在同一块 LED 发光二极管显示屏中，单元板之间的亮度一致性，称之为模组亮度均匀性，用 LGJ 来表示。模组亮度均匀性等级，由低到高分为三个等级，见表 6-2-13。

表 6-2-13 模组亮度均匀性等级

参数等级	A 级	B 级	C 级
模组亮度均匀性	20% < LGJ≤35%	5% < LGJ≤20%	LGJ≤5%

（3）电性能

LED 发光二极管显示屏的电性能参数，包括换帧频率、刷新频率、占空比、模组负载变化率、灰度等级、信噪比、像素失控率等指标。

1）换帧频率

LED 发光二极管显示屏画面信息更新的频率，称为换帧频率，用 FH 来表示。换帧频率等级，由低到高分为三个等级，见表 6-2-14。

表 6-2-14 换帧频率等级

参数等级	A 级	B 级	C 级
换帧频率	FH < 25	25≤FH < 50	FH≥50

2）刷新频率

LED发光二极管显示屏，每秒钟显示数据被重复的次数，称之为刷新频率，用FC来表示。刷新频率等级，由低到高分为三个等级，见表6-2-15。

表6-2-15 刷新频率等级

参数等级	A 级	B 级	C 级
刷新频率	200 > FC≥100	300 > FC≥200	FC≥300

3）占空比

LED发光二极管显示屏，在最高灰度级和最高亮度级的情况下，任意一个像素在一个扫描周期内的导通时间（T0）与周期（TS）之比，称为占空比，用ZQ来表示。

当ZQ≥1时，则为静态驱动，当ZQ < 1时，是动态驱动。在实际应用中，我们通常采用的驱动占空比有1/32、1/16、1/8、1/4、1/2和1等。

4）模组负载变化率

LED发光二极管显示屏，在最高灰度级和最高亮度级的情况下，显示模组全亮和局部亮两种状况的变化率LL，称为模组负载变化率。模组负载变化率等级，由低到高分为三个等级，见表6-2-16。

表6-2-16 模组负载变化率等级

参数等级	A 级	B 级	C 级
模组负载变化率（静态驱动）	9% < LL≤15%	3% < LL≤9%	LL≤3%
模组负载变化率（动态驱动）	20% < LL≤35%	7% < LL≤20%	LL≤7%

5）灰度等级

LED发光二极管显示屏，在同一级亮度内，从零灰度到最高灰度之间的等级，称为灰度等级，用G来表示。灰度等级一般分为无灰度（1bit灰度技术）、4级（2bit灰度技术）、8级（3bit灰度技术）、16级（4bit灰度技术）、32级（5bit灰度技术）、64级（6bit灰度技术）、128级（7bit灰度技术）、256级（8bit灰度技术）。

6）信噪比

LED发光二极管显示屏，在播放视频信号的情况下，信号的有效值S与噪声有效值N的比值，称为信噪比，用S/N来表示。信噪比等级，由低到高分为三个等级，见表6-2-17。

表6-2-17 信噪比等级

参数等级	A 级	B 级	C 级
信噪比	$43 > \frac{S}{N} ≥35$	$47 > \frac{S}{N} ≥43$	$\frac{S}{N} ≥47$

7）像素失控率

像素失控点也叫坏点，包含盲点（暗点）和亮点两种。LED发光二极管显示屏的像素失控率，包含整屏像素失控率和区域像素失控率。像素失控点等级，由低到高分为三个等级，见表6-2-18。

表6-2-18 像素失控比等级

	参数等级	A级	B级	C级
室内	整屏像素失控率	3*10-4≥PZ > 2*10-4	2*10-4≥PZ > 1*10-4	PZ≤1*10-4
	区域像素失控率	9*10-4≥PQ > 6*10-4	6*10-4≥PQ > 3*10-4	PQ≤3*10-4
室外	整屏像素失控率	2*10-3≥PZ > 4*10-4	4*10-4≥PZ > 1*10-4	PZ≤1*10-4
	区域像素失控率	6*10-3≥PQ > 12*10-4	12*10-4≥PQ > 3*10-4	PQ≤3*10-4

2. 实际 LED 彩色显示屏的技术参数

在实际应用中，我们需要根据各个 LED 发光二极管显示屏的技术参数，来甄选显示屏的单元板，目前市场上的单元板包含 P3、P4 、P6、P8、P10、P12 等型号。以 P4 全彩屏箱体为例，其主要技术参数，见表 6-2-19。

表 6-2-19 P4 全彩屏箱体参数

显示屏屏体参数	
箱体尺寸面积	（长）768mm ×（高）480mm = 0.36864m2
箱体材料	铝
屏体屏体解析度	（长）256 点 ×（高）160 点 = 40960 点
拼装结构	单元大模组结构设计，屏面采用后安装方式，组合拼装，实现无缝拼接、组装拆卸，方便维修。
运行环境	环境温度：存贮 -35 °C ~ +85 °C
	环境温度：工作 -20 °C ~ +50 °C
	相对湿度：25% ~ 95%RH
显示屏技术指标参数	
单元板	物理点间距：3mm； 物理密度：111111 点 /m2
	发光点颜色：1R1G1B；控制方式：恒流控制
	单元板分辨率：64 点 x32 点 =2048 点 ；单元板尺寸：192mmx96mm
	扫描方式：1/16 扫描；屏幕刷新速率：> 500Hz
	图像传输速度：≥60Hz；灰度 / 颜色：4K/ 显示 12.5 颜色
	亮度：1800 cd/ m2 ，最大亮度可达到 2000 cd/ m2
	亮度调节方式：软件 16 级内可调
	播放内容： 视频信号：RF、S-Video 、RGB、RGBHV、YUV、YC、COMPOSITION 等文本文件：WORD 文件
	图片文件：（BMP / JPG / GIF / PCX 等所有格式的文件
	动画文件：MPG / MPEG / MPV / MPA / AVI / VCD / SWF / RM / RA / RMJ / ASF 等所有格式的文件
	平整度：任意相邻像素间 ≤0.5mm； 单元板拼接间隙 < 0.5mm
	均匀性：像素光强、单元板亮度均匀
	像素点失控率：< 0.0002；开关电源负荷：5V/40A
	常亮点：无；防护等级：≥IP60；寿命：10 万小时
电源系统	工作电压：220V ± 15%；平均功耗：200W/m2；最大功耗：< 500W/m2
控制系统	控制主机：联想启天主机或同档次计算机以上
	操作系统：WIN 98/WIN 2000/XP
	控制方式：采用 PCTV 卡 (可选) ＋ DVI 显卡＋主控卡＋光纤传输 (可选) 的同步控制方式
	有效通讯距离：网线 100m（无中继），多模光纤 500m，单模光纤 20km

二、LED 彩色显示屏技术参数的检测

1. 测试条件

LED 发光二极管彩色显示屏的测试条件，见表 6-2-20。

表 6-2-20 LED 显示屏的测试条件

序号	测试条件	条件参数
1	环境温度	15 °C ～ 35 °C
2	相对湿度	40% ～ 80%RH
3	大气压力	86kpa ～ 106kpa
4	交流电源	(220 ± 22)V、（50 ± 1Hz）

2. 测试工具

测试工具包含常用工具、测试软件、测试仪器等，见表 6-2-21。

表 6-2-21 LED 显示屏的测试工具

序号	工具名称	工具要求描述
1	彩色电视信号发生器	(S/N)>52dB
2	彩色分析仪	误差 ≤ ± 5%
3	光强仪	86kpa ～ 106kpa
4	照度计	(220 ± 22)V、（50 ± 1Hz）
5	示波器	频带宽度 B≥100MHz
6	游标卡尺	分度值 0.02mm 及以下
7	塞规	分度值 0.02mm 及以下
8	量角器	分度值 1 °及以下
9	钢尺	长度为 1m 及以上
10	测试软件	TESTLM7 类似用于 LED 显示屏测试的配套测试软件

3. 测试方法

LED 发光二极管显示屏的参数测试，包含机械性能测试、光学性能测试及电性能测试三部分，各参数的测试方法，见表 6-2-22。

表 6-2-22 LED 显示屏参数测试方法

属性	参数名称		测试方法描述
机械性能	外壳防护等级（F）		根据 GB 4208-1993 的规定方法进行测量
	拼装精度	平整度	用 1m 长钢尺的侧面放置在显示屏屏面的任意位置，用塞规测量钢尺侧面与显示屏屏面之间的最大空隙 P，并查表确定级别
		像素中心距离相对偏差	用分度值为 0.02mm 的通用量具测量 ZC，并按照公式计算，然后查表确定级别。 $J_X = \left\{ \lvert Z_C - Z_B \rvert / \left[40 \times \lg\left(Z_B / 2 \right) \right] \right\} \times 100\%$。（JX 为像素中心距相对偏差，ZC 为实测像素中心距，ZB 为标称像素中心距）
		水平相对错位	用分度值为 0.02mm 的通用量具测量 DCS，并按公式计算，然后查表确定级别。 $C_S = \left\{ D_{CS} / \left[40 \times \lg\left(Z_B / 2 \right) \right] \right\} \times 100\%$（CS 为水平相对错位，DCS 为实测水平错位值，ZB 为标称像素中心距）
		垂直相对错位	用分度值为 0.02mm 的通用量具测量 DCC，并按公式计算，然后查表确定级别。 $C_C = \left\{ D_{CC} / \left[40 \times \lg\left(Z_B / 2 \right) \right] \right\} \times 100\%$（CC 为水平相对错位，DCC 为实测水平错位值，ZB 为标称像素中心距）

属性	参数名称		测试方法描述
光学性能	最大亮度		1. 测量条件：（1）环境照度变化小于 ±10%。（2）采集像素的数量不得少于 16 个相邻像素 2. 测量步骤：（1）用彩色分析仪测量显示屏全黑情况下的背景亮度 LD。（2）用彩色分析仪测量显示屏最高亮度、灰度级情况下的亮度 Lmax。（3）用公式 L=Lmax-LD 计算。（4）用同样的方法测量红、绿、蓝、黄、白等画面的最大亮度，取最大值即为最大亮度
	视角		1. 测量条件：（1）环境照度变化小于 ±10%。（2）采集像素的数量不得少于 16 个相邻像素 2. 测量步骤： （1）水平视角的测量步骤：1）显示屏用某一单基色点亮（最高亮度、灰度级），并在屏中央选择一个被测区域。2）用彩色分析仪测出区域内法线方向的亮度 LF。3）以被测区域几何中心为圆心，以测量距离为半径，沿水平方向转动彩色分析仪，当彩色分析仪的值下降到 LF/2 时，测出两条线之间的夹角 θ。4）用同样的方法测量出每一种基色的水平视角，去最小值即为水平视角 θS （2）垂直视角 θC 的测量步骤：垂直视角的测量步骤与水平视角的测量步骤基本相同，只是彩色分析仪式沿着垂直方向上下移动。
	最大对比度		1. 测量条件：（1）室内显示屏屏面法线方向的照度为 10x（1±10%）Lx。（2）室外显示屏屏面法线方向的照度为 40x（1±10%）Lx（3）采集像素的数量不得少于 16 个相邻像素 2. 测量步骤：（1）分别测出 Lmax 和 LD。（2）运用公式 C=(Lmax-LD)/ LD 计算出对比度
	基色主波长误差		1. 测量条件：（1）环境照度小于 10Lx。（2）不允许周存在有色光源。（3）采集像素的数量至少为 16 个相邻像素。（4）显示屏设置在最高亮度、灰度级 2. 测量步骤：（1）用彩色分析仪分别测量红、绿、蓝各基色的主波长，并算出实测主波长与标称主波长的差值，取最大值即为基色波长误差 Δλ D。（2）查表确定级别
	白场色坐标		1. 测量条件：（1）环境照度变化小于 ±10%。（2）不允许周围存在有色光源。（3）采集像素的数量至少为 16 个相邻像素 2. 测量步骤：（1）在最高亮度、灰度级下想，显示屏显示白色画面。（2）用彩色分析仪测量白场坐标。（3）查表确定级别
	亮度鉴别等级		1. 测量条件：（1）室内显示屏环境照度为 100x（1±10%）Lx。（2）室外显示屏环境照度为 10000x（1±10%）Lx。（3）多人观察且观察者矫正视力必须大于 1.0 2. 测量步骤：（1）启动测试软件，选择亮度鉴别测试功能。（2）观察者站在离显示屏宽度 5 到 8 倍远的地方。（3）用 "→" 和 "←" 键移动条纹，使测试卡的最暗一级竖条纹与显示屏左边对齐，数出人眼能够分辨的条纹数 T1，此时亮度鉴别等级为 T1。（4）若显示屏一帧不够同时显示 24 条竖条纹，则将第一帧条纹测试软件最右边的条纹左移至显示屏的左边，数出人眼能够分辨的条纹数 T2，此时亮度鉴别等级为 T1+(T2-1)。（5）若显示屏两帧不够同时显示 24 条竖条纹，则将第二帧条纹测试软件最右边的条纹左移至显示屏的左边，数出人眼能够分辨的条纹数 T3，此时亮度鉴别等级为 T1+(T2-1)+ (T3-1)，以此类推。（6）将多人观测得结果求平均值，并查表确定级别
	均匀性	像素光强均匀性	1. 在全屏范围内黑屏状态下任意抽取 30 个像素 2. 在最高灰度、亮度级下全屏显示单红色 3. 用光强仪分别测出这 30 个像素点法线方向的光强值，并求平均值 $\overline{L}$ 4. 用公式 $I_{RJ}=|I_i-\overline{I}|/\overline{I} \times 100\%$ 计算出红色像素均匀性 IRJ 5. 用同样的方法测算出绿色和蓝色像素的光强均匀性 IGJ、IBJ，取三者最大值即为显示屏光强均匀性 IPJ，然后查表确定级别
		显示模块亮度均匀性	1. 测量条件：（1）环境照度的变化小于 ±10%。（2）采集像素的数量至少为 16 个相邻像素 2. 测量步骤：（1）在全屏范围内黑屏状态下任意抽取 9 个像素。（2）在最高灰度、亮度级下全屏显示某一基色。（3）用彩色分析仪分别测出这 9 个显示模块的亮度值，并求平均值 $\overline{L}$。（4）用公式 $L_J=|L_i-\overline{L}|/\overline{L} \times 100\%$ 计算出该基色显示模块的亮度均匀性 LJ。（5）用同样的方法测算其它基色显示模块的亮度均匀性，取三者最大值即为显示屏光强均匀性 LMJ，然后查表确定级别
		模组亮度均匀性	测量条件、测量方法计算方式等均与显示模块亮度均匀性的测量相同

属性	参数名称		测试方法描述
电性能	换帧频率		1. 启动测试软件，选择帧频测试功能，并在显示屏上打开四个区域 A1、A2、A3、A4，第一帧在 A1 内显示一个"●"，第二帧在 A2 内显示画面"▮"，第三帧在 A3 内显示"▲"，第四帧在 A4 内显示"★"，第五帧开始循环 2. 若能在四个区域中完整显示图像，则换帧频率 FH 等于计算机的帧频率 FF 3. 若能在四个区域中只有 A1 和 A3 或 A2 和 A4 完整显示图像，则 FH=FF/2 4. 若能在四个区域中只有一个区域完整显示图像，则 FH=FF/4 5. 若能在四个区域中都有图像，但显示不完整，则 FH=FF/2 6. 用示波器测出 FF，计算出 FH，查表确定级别
	刷新频率		1. 显示屏置于最高亮度级，灰度设置为 1 级，全屏显示白色（双基色屏显示组合色） 2. 用示波器测量任一像素的任何一种颜色的驱动电流波形，并测出一组驱动电流波形的周期 T，则刷新频率为 1/T，查表确定级别
	占空比		1. 统计出显示屏一个模块的驱动电路位数 Q 2. 数出显示屏一个模块的像素数 X 3. 用公式 $Z_Q = Q/(X \times J_C)$ 计算出占空比（JC 为屏基色数）
	模组负载变化率		1. 测量条件：（1）环境照度的变化小于 ±10%。（2）采集像素的数量至少为 16 个相邻像素 2. 测量步骤：（1）在全屏范围内黑屏状态下用彩色分析仪测出显示屏的背景亮度 LD。（2）以模组的 1/16 方块为单位（每个方块内像素数量不少于 16 个）划分模组。（3）模组置于最高亮度、灰度级点亮全模组，选择任何一个区域测量该模组的亮度 LG。（4）模组置于最高亮度、灰度级点亮其中一个区域，测量该区域的亮度 LQ。（5）用公式 $L_L = (L_Q - L_G)/(L_Q + L_G - 2L_D) \times 100\%$ 计算出模块亮度的变化率。（6）用同样的方法测量计算红、绿、蓝、白色（全彩模组）或红、绿、黄色（双基色模组）的亮度变化率，取其中最大值即为模组的负载变化率
	灰度等级		1. 测量条件：（1）环境照度的变化小于 ±10%。（2）测试过程中，彩色分析仪的采集范围不变 2. 测量步骤：（1）启动测试软件，选择灰度测试功能，逐级增加灰度，显示屏的亮度单调上升。（2）测试显示屏的灰度级 G 值，查表确定级别
	信噪比		1. 用光强仪的光探头罩住某一像素 2. 将显示屏至于最高亮度、灰度级，测出此状态下光强 IEM 3. 将显示屏至于最高亮度、50% 灰度，测出此状态下光强 IEH 4. 用彩色信号发生器给显示屏送入白信号，调制其输出幅值，使像素光强等于 IEH，并保持工作半小时 5. 将视频画面冻结，此时再测出冻结后的像素光强 IDi，重复测量 20 次，找出其中的三个最大值并求平均值得到 IDmax，同时找出三个最小的值求平均值得到 IDmin 6. 用公式 $\dfrac{S}{N} = 20\lg\left[2\sqrt{2}I_{EM}/(I_{D\max} - I_{D\min})\right]$ 算出信噪比值并查表确定级别
	像素失控率	整屏像素失控率	1. 整屏显示最高灰度级红色，用目测法数出不亮的像素数 PF 2. 清屏，用目测法数出红色常亮像素数 PL 3. 用公式 PZR=(PF+PL)/P 计算出红色像素失控率 4. 用同样的方法测算出蓝色像素失控率 PZB 和绿色像素失控率 PZG 5. 取三者最大值即为整屏像素失控率 PZ
		区域像素失控率	1. 启动测试软件，选择像素失控率测试功能 2. 做一个 100*100 像素的可移动的红方块（最高灰度级） 3. 移动该方块找出红色盲点数 M，清屏，用目测法数出区域 AP 内红色常亮点数 N，用公式 PQR=(M+N)/10000 算出区域红色像素失控率 PQR 4. 用同样的方法测算出蓝色像素失控率 PQB 和绿色像素失控率 PQG 5. 取三者最大值即为整屏像素失控率 PQ，并查表确定级别

实训 6-2-2 LED 发光二极管显示屏单元板的检测

实训目的

1. 能够看懂 LED 发光二极管显示屏单元板的技术文件。

2. 学会利用仪器仪表，对发光二极管显示屏单元板的技术参数进行检测。

实训设备与工具

电脑，宽带网，直流稳压电源，常见仪器仪表，LED发光二极管显示屏测试工具等。

实训内容与步骤

一、查阅LED发光二极管彩色显示屏单元板的工程技术文件

根据老师提供的单元板，通过上网等多种方式，查阅LED发光二极管显示屏单元板的参数，进行归纳整理。

二、LED发光二极管彩色显示屏单元板的参数测试

用示波器，直流稳压电源及LED显示屏测试工具，对发光二极管显示屏单元板的参数进行测试，并完成表6-2-23的填写。

表6-2-23 LED彩色显示屏单元板参数测试结果

显示屏型号	参数名称	理论值	实测值

三、拓展训练

通过上网等方式，查阅市场上LED发光二极管彩色显示屏单元板的参数。

6.2.3　LED彩色显示屏常见故障维修

学习目标

1. 了解LED发光二极管彩色显示屏故障检修注意事项。

2. 掌握LED发光二极管彩色显示屏故障检修方法。

在实际应用中，我们会经常碰到LED彩色显示屏出现黑屏、花屏、单元板整板不亮、缺色、偏色等故障现象。由于LED发光二极管彩色显示屏工作在大电流、高电压环境中，同时LED发光二极管彩色显示屏大多应用在公共场合，并且体积较大，因此，我们在对LED发光二极管彩色显示屏进行检修时，必须规范操作，以确保安全。

一、LED发光二极管彩色显示屏故障检修注意事项

检修LED发光二极管彩色显示屏时，要注意以下问题。

1. 现场维修时要注意远离维修场地，设置警戒线或警示牌。

2. 由于LED彩色显示屏是高电压、大电流供电，因此在检修LED彩色显示屏时，一

定要做好安全防护措施。

3. 在维修屋顶式或镶嵌式户外显示屏时，必须做好户外高空作业防护措施。

4. 检修LED彩色显示屏时要尽量避免带电作业。

5. 检修LED彩色显示屏所使用的工具，必须具有良好的绝缘保护措施。

6. 维修结束后，要清理好现场，以避免发生意外。

二、LED发光二极管彩色显示屏故障检修方法

1. LED发光二极管彩色显示屏常用检修方法

在检修LED发光二极管彩色显示屏时，有以下几种方法：

（1）电阻检测法。将万用表调到电阻挡，检测一块正常的电路板的某点与地的电阻值，再检测另一块相同的电路板同一个点的电阻值，与正常的电阻值进行对比，就可确定故障的范围。

（2）电压检测法。将万用表调到直流电压挡，检测有问题电路的某个点对地电压值，比较正常值，以确定故障的范围。

（3）短路检测法。将万用表调到短路检测挡（二极管压降档或是电阻挡，一般具有报警功能），检测电路是否有短路的现象。注意短路检测法必须在电路断电的情况下操作，以避免损坏测量仪表。

2. LED发光二极管彩色显示屏故障检修步骤

LED发光二极管彩色显示屏的故障，一般按照如下步骤进行检修。

第1步：检查显卡的设置是否正确，具体设置办法参考相关技术文件。

第2步：检查系统基本连接，如DVI线，网线插口，主控卡与电脑PCI插槽的连接，串口线的连接等是否正确。

第3步：检查电脑及LED电源系统是否满足使用需求。当LED屏体电源供电不足时，LED显示屏显示白色的图像时，会引起画面闪烁，要根据箱体电源需求配制合适的供电电源。

第4步：检查发送卡的绿灯是否有规律闪烁，如果不闪烁，可试试重新启动。

第5步：按照软件要求重新进行参数设置。

第6步：检查接收卡绿灯（数据灯）是否与发送卡绿灯同步闪烁。

第7步：检查网线是否连接良好或网线是否符合标准。

第8步：检查转接卡接口定义线是否与单元板匹配。

由于网线的RJ45接口连接不牢固，或者接收卡电源没有连接，导致信号无法传送，都有可能出现局部无画面或者花屏，在检修之前要先确保所有的线连接正常。

3. LED发光二极管彩色显示屏常见故障检修

LED发光二极管彩色显示屏常见故障检修方法，见表6-2-24。

表 6-2-24 LED 发光二极管彩色显示屏的常见故障检修方法

类型	故障现象描述	故障检修方法
单元板故障	单元板整板不亮	1. 检查供电电源与信号线是否连接 2. 检查测试卡是否已识别接口，如果测试卡红灯闪动则表示没有识别，需要检查灯板是否与测试卡同电源地，或灯板接口有信号与地短路导致无法识别接口 3. 检测 74HC245 等放大电路有无虚焊或短路，检测放大电路芯片上对应的使能（EN）信号输入输出脚是否虚焊或短路到其他线路 4. 检查列驱动芯片是否正常，列驱动芯片输出脚到模块脚是否接通 5. 检查行驱动芯片是否正常，检查行驱动芯片输出脚到模块脚是否有接通
	单元板规律性的隔行不亮，显示画面重叠	1. 检查行信号输入口到放大电路之间是否有断线或虚焊、短路 2. 检测放大电路对应的行信号输出端与译码芯片之间，是否断路、虚焊、短路 3. 检测行信号之间是否短路或某信号与地短路
	单元板全亮时有一行或几行不亮	1. 检测译码电路到行驱动芯片之间的线路是否断路或虚焊、短路 2. 更换行驱动芯片（如 SM4953） 3. 更换译码芯片（如 74LS138）
	单元板在行扫描时，两行或几行同时点亮	1. 检测行信号各信号之间是否短路 2. 检测行驱动芯片输出端是否与其他输出端短路 3. 更换行驱动芯片
	单元板全亮时有单点或多点（无规律的）不亮	1. 找到该模块对应的控制脚测量是否与本行短路 2. 更换模块或单灯
	单元板全亮时有一列或几列不亮	1. 在模块上找到控制该列的引脚，检测是否与驱动 IC（如 SM16126、74HC595、TB62726 等）的输出端连接 2. 更换对应的列驱动芯片
	有单点或单列高亮，或整行高亮，并且不受控	1. 检查该列是否与电源地短路 2. 检测该行是否与电源正极短路 3. 更换该列驱动 IC
	显示混乱，但输出到下一块板的信号正常	1. 检测放大芯片对应 STB 锁存输出端与驱动 IC 的锁存端是否连接 2. 检测放大芯片对应 STB 锁存输出端与驱动 IC 的锁存端信号是否被短路到其他线路
	显示混乱，且输出不正常	1. 检测时钟 CLK 锁存 STB 信号是否短路 2. 检测放大芯片的时钟 CLK 是否有输入输出 3. 检测时钟信号是否短路到其他线路
	单元板输出到下一单元板的信号有问题	1. 检测输出接口到信号输出 IC 的线路是否连接或短路 2. 检测输出口的时钟锁存信号是否正常 3. 检测最后一个驱动 IC 之间的级连输出数据口是否与输出接口的数据口连接或是否短路 4. 输出的信号是否有相互短路的或有短路到地的 5. 检查输出的排线是否良好
	单元板显示缺色	1. 检测放大芯片的该颜色的数据端是否有输入输出 2. 检测该颜色的数据信号是否短路到其他线路 3. 检测该颜色的驱动 IC 之间的级连数据口，是否有断路或短路、虚焊

类型	故障现象描述	故障检修方法
整屏故障	整屏不亮（黑屏）	1. 检测供电电源是否通电 2. 检测通讯线是否接通，有无接错（同步屏） 3. 检查同步屏检测发送卡和接收卡通讯绿灯有无闪烁 4. 检查电脑显示器是否保护，或者显示屏显示领域是黑色或纯蓝（同步屏）
	多块单元板不亮（黑屏）	1. 如果是连续几块单元板板横方向不亮，检查正常单元板与异常单元板之间的排线连接是否接通，或者检测放大电路芯片是否正常 2. 如果是连续几块单元板板纵方向不亮，检查这几块屏的列电源供电是否正常
	整屏一行或几行不亮	1. 检测行信号输入脚与行驱动芯片输出脚是否有连通 2. 检测译码芯片是否正常 3. 检测行扫描驱动芯片是否正常，或检测行扫描驱动芯片的控制信号是否正常 4. 检测译码电路与行扫描驱动电路是否连接正常
	显示屏雪花（闪点）	1. 检查是否有铁屑吸附到磁铁脚上，造成漏电，或者电压外壳漏电干扰到单元板 2. 检测控制卡供电电压是否正常 3. 检测行或列扫描信号电压是否正常，信号衰减大也会导致显示屏闪点 4. 检测控制控制点的点频是否与单元板相匹配
软件故障	计算机与控制卡通讯不正常	1. 检查串口选择是否设置正确 2. 检查控制卡串口是否设置正确（默认端口为COM1） 3. 检查波特率是否设置正确（默认值为57600） 4. 检查用于通讯的串口是否被其他程序占用
	数据发送成功后显示屏无显示	1. 显示屏参数设置是否正确 2. 是否发送的是一个空的节目
	数据发送成功后显示屏显示错乱	控制软件参数配置与显示屏参数是否设置正确
	显示屏上的数据反向	将控制软件中的数据极性与当前参数反向
	显示屏上的内容出现虚影	将控制软件中的OE极性与当前参数反向
	显示屏上的内容为反斜显示	将控制软件中数据镜像选中
	显示屏上的显示有多余内容	用控制软件清空节目，重新发送编辑过的内容

实训6-2-3 LED彩色显示屏故障检修

实训目的

1. 能够根据LED发光二极管彩色显示屏的技术文件对其进行检测。

2. 学会利用仪器仪表对发光二极管显示屏进行维修。

实训设备与工具

电脑，宽带网，直流稳压电源，常见仪器仪表，LED发光二极管彩色显示屏测试工具、维修工具等。

实训内容与步骤

一、根据单元板绘制图纸

1. 根据现场提供的LED发光二极管彩色显示屏，绘制显示屏单元板的电路图。

2. 根据现场提供的LED发光二极管彩色显示屏，画出该显示系统的方框图。

二、LED发光二极管彩色显示屏单元板的故障检修

运用示波器，直流稳压电源及LED发光二极管彩色显示屏检测工具等仪器仪表，对发光二极管显示屏的故障进行检修，并完成表6-2-25的填写。

表6-2-25 LED发光二极管彩色显示屏的故障检修

故障现象描述	故障解决步骤	故障测试参数	故障解决方案

三、实训总结

根据实训过程和实训结果，撰写实训总结报告。

思考与练习题

1.LED显示屏可以分为哪几种？

2.LED显示系统由哪几部分组成？

3.LED显示屏的单元箱体由哪几部分组成？

4. 安装LED显示屏时要注意什么问题？

5. 画出LED显示屏单元板电路方框图，并简述各部分的作用。

6. 简述LED显示屏单元板电路的工作原理。

7. 列出LED显示屏的主要技术参数。

8. 对LED显示屏进行测试时，要注意什么问题？

9. 对LED显示屏进行检修时，要注意什么问题？

10.LED显示屏单元板全亮时，出现有一行或几行不亮的故障，应该如何进行检修？

第七章 LED 显示屏维护

LED 显示屏在使用时需要进行维护才能让其稳定长期的工作。在平时的使用中要定期检查产品表面和钢结构焊接点的防腐防锈漆是否剥落。如有剥落或生锈，应及时喷防锈漆或涂防锈膏。要保持电源应稳定，接地保护良好。不要在恶劣的自然条件下使用，特别是雷雨天气，需要检查避雷针和接地系统的可靠性以及确定是否有漏水现象。定期检查电源和信号线是否有破皮或咬伤。关于分产品配电系统，这个损坏概率较小，每半年检查一次即可。长时间暴露在户外环境中的 LED 显示屏容易沾染灰尘。可用酒精擦拭，或用刷子、吸尘器进行除尘，但为了安全不能直接用湿布擦拭。关于 LED 显示屏的单项功能，如启动、停止、亮度调节、节目单等项目的测试也是必不可少的。户外 LED 显示屏使用的频率应该保持每天休息时间需大于 2 小时，雨季至少每周使用一次以上。每月至少开屏一次，亮灯时间大于 2 小时。

§7—1 影响 LED 显示屏寿命的因素及使用注意事项

学习目标

1. 了解影响 LED 显示屏寿命的因素。

2. 掌握 LED 显示屏的使用注意事项。

LED 显示屏作为电子产品，LED 显示屏在我们日常生活中已经非常常见了，但是它也是有寿命的，不进行合理的维护，产品有可能会出现运行故障，长时间不打理的话，产品甚至不能再使用。那么 LED 显示屏的使用寿命究竟会受哪些因素影响呢？

一、影响 LED 显示屏寿命的因素

1. 温度

（1）温度过高会导致 LED 显示屏彻底性毁灭：

LED 显示屏多以透明环氧树脂封装，若结温超过固相转变温度（通常为125℃），封装材料会向橡胶状转变并且热膨胀系数骤升，从而导致 LED 显示屏开路和失效，LED 显示屏工作温度超过芯片的承载温度将会使 LED 显示屏的发光效率快速降低，产生明显的光衰，并造成损坏。

（2）温度升高会缩短 LED 显示屏的寿命：

LED 显示屏的寿命表现为它的光衰，也就是时间长了，亮度就越来越低，直到最后熄灭。通常定义 LED 显示屏光通量衰减 30 的时间为其寿命。

（3）温度升高会降低 LED 显示屏的发光效率。

（4）温度对 LED 显示屏发光波长（光色）的影响。

（5）温度过高会限制 LED 显示屏的最大注入电流。

2. 灰尘

为最大限度地延长 LED 显示屏的平均寿命，灰尘的威胁也不容忽视。在灰尘比较大的环境中工作，由于印制板吸附灰尘，而灰尘的沉积会影响电子元器件的热量散发，这将导致元件温度上升，进而出现热稳定性下降甚至产生漏电，严重时导致烧毁。

另外，灰尘也会吸收水分，腐蚀电子线路，造成短路故障。灰尘体积虽小，但对产品的危害却不可低估。所以，有必要定期清理，以减少出现故障的概率。在清理显示屏内部的灰尘时，切记断开电源，小心操作。

3. 潮湿

虽然几乎所有的 LED 显示屏都可以在湿度为 95% 的环境下正常工作，但潮湿仍是影响产品寿命的重要因素。潮湿气体会透过封装材料及元器件的接合面进入到 IC 器件的内部，造成内部电路氧化腐蚀断路，以及组焊接过程中的高温会使进入 IC 内部的潮湿气体受热膨胀产生压力，使塑料从芯片或引脚框上的内部分离（脱层）、线捆接损伤、芯片损伤、内部裂纹和延伸到元件表面的裂纹，甚至发生元件鼓胀和爆裂，又称"爆米花"，这将导致组装件返修甚至报废。

更为重要的是那些看不见的、潜在的缺陷会融入产品中去，使产品的可靠性出现问题。潮湿环境的可靠性改进方法包括有使用防潮材料、除湿机、保护涂层封盖等。

4. 具有腐蚀性的气体

湿度和含盐空气环境可引起系统性能的退化，因为它们会加剧金属部件的腐蚀效应，还有利原电池的产生，特别是当不同类金属接触的时候。湿气和含盐空气的另一个有害效应是在非金属部件表面形成导致这些材料的绝缘和介质特性退化的膜，从而形成泄漏通路。绝缘材料吸收潮气还可引起材料体积传导率和耗散系数的增加。潮湿和含盐空气环境的可靠性改进方法包括使用气密性密封、防潮材料、除湿机、保护涂层/封盖和减少使用不同类的金属等。

5. 电磁辐射

射频辐射对电子系统的干扰一般来自两个途径。一个途径是辐射场的电噪声干扰直接窜入系统。实验表明，当场强达到 5V/m 时，系统肯定会出错，电磁干扰足以改变 CPU 程序计数器 PC 的数值，使微机错误地"跳出"正在执行程序，特别是对小信号电路。而存储器在场强为 15V/m 时则无法正常工作。射频辐射干扰的另一种途径是通过电源引入的。

外架的输电线相当于接收天线，把辐射干扰引入系统，这种干扰严重时可烧毁系统本身的电源。

6. 振动

电子设备在正常使用和试验中经常受到环境冲击和振动。当产生的偏斜引起的机械应力超过了构件部件允许的工作应力时，这种环境可引起部件和结构部分的物理损坏。

7. 负载

不管是集成芯片还是 LED 管或是开关电源，是否在额定的负载下工作，负载也是影响寿命的重要因素。因为任何一个元器件都有一个疲劳损伤期，就以电源为例，品牌电源可输出 105%~135% 的功率，但如长时间使电源在如此高负载下工作，必然加速开关电源的老化，当然开关电源不一定马上失效，但会使它的寿命迅速降低。

二、LED 显示屏使用注意事项

1. 使用环境注意事项

（1）工作环境温度范围 -20℃ ≤t≤50℃，工作环境湿度范围 10% 至 90% RH；

（2）避免在高温、高湿度、高酸 / 碱 / 盐环境下使用或存储；

（3）远离易燃物品、气体、粉尘使用；

（4）运输过程中避免强烈碰撞，避免尖锐物品碰撞；

（5）环境温度过高或散热条件不好时，应注意不要长时间开屏使用；

（6）超过规定湿度的 LED 显示屏在加电的情况下，会导致零部件腐蚀，甚至短路进而造成永久性损坏；

（7）屏体内严禁进水、铁粉等易于导电的金属物。LED 显示屏应该尽量放置在低灰尘的环境，大的灰尘会对显示效果造成影响，同时灰尘过多会对电路造成损害。如果因为各种原因进水，请立即断电，直至屏体内所有元器件干燥后方可使用；

（8）屏体旁边尽量不要放鱼缸、植物、花卉等容易造成潮湿环境的物品。

2. 开关屏注意事项

（1）开屏：先开启控制计算机使其能正常运行后再开启 LED 显示屏大屏幕；

（2）关屏：首先关掉 LED 屏体电源，关掉软件控制，再正确的关闭计算机；（先关计算机不关显示屏，会造成屏体出现高亮点，烧毁灯管，后果严重）

（3）开关屏时间隔时间要大于 5 分钟；

（4）避免在全白屏幕状态下开屏，因为此时为最大功率状态，其对整个配电系统的冲击电流最大。

3. 供电注意事项

（1）LED 模组为直流 +5V 供电 (工作电压：4.2-5.2V)，禁止使用交流供电；电源端子正负极严禁接反（注意：一旦接反就会烧坏产品甚至引发严重的火灾）；

（2）LED显示屏的供电电源电压：220V±10% 频率：50HZ±5%；

（3）安全大地接触可靠，地线与零线隔离可靠，接入电源远离大功率用电设备；

（4）如发现短路、跳闸、烧线、冒烟等异常显现时，不应反复通电测试，应及时查找问题；

（5）保持供电电源稳定，并做好接地保护避免雷击，在恶劣的自然条件特别是强雷电天气下不要使用；

（6）必须分步给大屏幕供电电源供电，因为整屏最大功率状态会对整个配电系统的产生冲击；

（7）LED显示屏不允许播放最高亮度的全白色画面超过半个小时，以免造成电流过大，电源线发热，LED灯损坏，影响显示屏使用寿命，建议播放动态视频为主；

（8）LED显示屏产品在使用过程中，不可连续开、关电源，两者操作间应相隔至少1分钟；

（9）LED显示屏大屏幕内部线路，非专业人士禁止触碰，以免触电，或者造成线路损坏；如果出现问题，请找专业人士进行检修。

4.清洁注意事项

（1）定期清洁维护：LED全彩显示屏大屏幕长时间暴露在户外环境风吹、日晒，雨淋，即使室内LED显示屏时间长了，屏幕上会累积较多的灰尘以及雨水冲刷的痕迹，这需要定期、及时地清洗以防影响观看效果；

（2）如清洁模组表面，请使用软毛刷，轻轻刷。禁止使用任何液体物质清洗LED模组表面，否则LED灯珠有可能损坏；

（3）正确擦拭：LED显示屏大屏幕表面可以采用酒精进行擦拭，或者使用毛刷、吸尘器进行除尘，不能直接用湿布擦拭。

5.防潮及存储要求

（1）存储温度要求：环境温度 -40℃ ≤t≤60℃，包装打开后，LED产品须存放在温度<30℃和湿度<60%环境中；

（2）根据显示屏体、控制部分所处环境情况，避免虫咬，必要时应放置防虫药。

（3）LED显示屏不可以长期关闭，在高湿度环境下，如果屏体超过3天未使用，每次点亮屏体时需采用预热点亮方式：30%-50%的亮度先预热4-8小时，再调整为正常亮度（80%-100%）点亮屏体，从而将湿气排除，以便在使用时无异常；如果屏体超过7天未使用，每次点亮屏体时需采用预热点亮方式：30%-50%的亮度先预热12小时以上，再调整为正常亮度（80%-100%）点亮屏体，从而将湿气排除，以便在使用时无异常。

6.其他注意事项

做好全彩LED大屏幕的保养，对延长显示屏的使用寿命，保障LED大屏幕的正常工作有着至关重要的作用。LED大屏幕需定期检查是否正常工作，线路损坏的要及时修补或者更换。主控计算机等相关设备，应放置在空调、微尘的房间，以保证计算机通风散热和稳定工作。屏幕内部线路，非专业人士禁止触碰，以免触电，或造成线路损坏，如果出现问题，应请专业人士进行检修，见图7-1-1。

◆ LED显示屏系统运行监测
◆ LED显示屏屏体内部清洁除尘
◆ LED显示屏控制软件系统检查调试维护
◆ LED控制系统硬件检测保养
◆ 外围设备检查、配电柜安全性巡查
◆ 保障LED显示屏系统正常运行
◆ 减少LED显示屏人为因素故障次数
◆ 提升LED显示屏显示效果
◆ 延长LED显示屏整体使用寿命
◆ 安全性巡查更好的稳定服务

图7-1-1 专业人士对户外 LED 显示屏进行维护保养

补充知识一

1.LED 显示屏装置是最与生命相关的组件。对于 LED 显示屏，主要指标如下：衰减特性、防水和透气特性以及抗紫外线性能。如果性能考核不合格，将应用于显示屏，造成大量质量事故，严重影响 LED 显示屏的使用寿命。

2. 其他因素会影响 LED 显示屏的使用寿命。在支撑部件方面，如电路板、塑料外壳、开关电源、连接器、外壳等。任何组件的任何质量问题都可能导致 LED 显示屏使用寿命的降低。因此，寿命最短的部件是关键部件。

3. 生产过程决定了抗疲劳性。很难保证劣质三防处理工艺生产的模块的抗疲劳性能。当温度和湿度变化时，电路板的保护表面会出现裂纹，导致保护性能下降。因此，LED 显示屏的生产工艺也是决定显示屏使用寿命的关键因素。

4. 就工作条件和环境而言，室内温差小，不受雨、雪或紫外线的影响。室外温差可达70 度，加上风、阳光和雨水。恶劣的环境会加剧显示屏的老化，工作环境也是影响 LED 显示屏寿命的一个重要因素。

5. LED 灯珠器件是广告屏关键也是与寿命相关的部件．对于 LED 灯珠，主要是以下指标：衰减特性，防水汽渗透特性，抗紫外线性能。如果 LED 广告屏厂家对 LED 灯珠的指标性能评估不过关，就应用到广告屏中，会导致大量的质量事故，严重影响了广告 LED 电子显示屏的寿命。LED 户外显示屏配套零部件的影响除了 LED 灯珠光源之外，广告 LED 电子显示屏还使用了许多其他的配套零部件，电路板，塑胶壳体，开关电源，接插件，机壳等，任何一个零部件出现质量问题，都有可能导致屏的寿命降低。所以，广告屏的寿命是由短寿的那个关键部件的寿命决定的。比如，LED 开关电源，金属外壳均按 8

年标准选料，而电路板的防护工艺性能只能支持其工作3年，3年之后因为锈蚀而发生损坏，那我们也只能得到一块5年寿命的显示屏。

补充知识二

1.LED 发光器件性能的影响

LED 发光器件是显示屏最关键也是与寿命最相关的部件，对于 LED，我们要关注以下指标：衰减特性、防水汽渗透特性、抗紫外线性能。

亮度衰减是 LED 的固有特性。对于一块设计寿命为 5 年的显示屏，如果所用 LED 的亮度衰减为 5 年 50%，在设计时就要考虑预留衰减裕量，否则 5 年后显示性能不能达标；衰减的指标稳定性也很重要，如果 3 年时衰减已经超过 50%，就意味着这块屏的寿命提前终结。

用于户外的显示屏时常受到空气中湿气的侵蚀，LED 发光芯片在接触水汽的情况下会引起应力变化或发生电化学反应导致器件失效。正常情况下，LED 发光芯片被环氧树脂包裹不受侵蚀，一些存在设计缺陷的或存在材料工艺缺陷的 LED 器件密封性能不良，水汽极易通过引脚间隙或环氧树脂与外壳结合面的间隙进入器件内部，导致器件迅速失效，业内称之为"死灯"。

在紫外线的照射下，LED 的胶体、支架材料性质会发生变化，从而导致器件开裂，进而影响到 LED 的寿命，所以用于户外的 LED 抗紫外线能力也是重要指标之一。

LED 器件的性能提升需要过程，需要市场的检验。目前日本以及一些台资企业非常谨慎，并不承诺 SMD 户外防水。而国内一些厂家急于推出新产品占领市场，在评估不过关的情况下，盲目承诺户外性能优异。用于户外的 SMD5050 在显示屏应用中，就曾有多家制造厂商因此发生了大量的质量事故，有的损失高达数千万元，令人触目惊心。

2. 外围部件影响

除了 LED 发光器件之外，显示屏还使用了许多其他的外围部件，包括电路板、塑胶壳体、开关电源、接插件、机壳等，任何一个部件出现问题，都可能导致显示屏的寿命降低。所以，如果说显示屏的最长寿命是由最短寿的那个关键部件的寿命决定的，丝毫不为过。比如，LED、开关电源、金属外壳均按 8 年标准选料，而电路板的防护工艺性能只能支持其工作 2 年，2 年之后因为锈蚀而发生损坏，那我们也只能得到一块 2 年寿命的显示屏。

3. 产品的抗疲劳性能影响

显示屏产品的抗疲劳性能如何，取决于生产工艺。拙劣的三防处理工艺制作出的模组抗疲劳性能难以保证，在温湿度变化时，电路板防护表面会出现裂痕，导致防护性能下降。

所以生产工艺也是决定显示屏寿命的关键因素。显示屏制作所涉及的生产工艺有：元器件储藏与预处理工艺、过炉焊接工艺、三防处理工艺、防水密封工艺等。工艺的有效性与材料选择与配比、参数控制以及操作工素质相关，经验的积累很重要，所以一个拥有多年经验的工厂对生产工艺的把控会更加有效。

4.工作环境的影响

因用途不同，显示屏的工作条件千差万别。从环境方面来讲，户内的温差小，无雨雪及紫外线影响；户外的温差最大可达70度，外加风吹日晒雨淋。恶劣的环境会加剧显示屏的老化，工作环境是影响显示屏寿命的重要因素。

LED显示屏是一种相对价格较高的电子产品，如果平日里不细心维护那么其使用寿命就会大辅度减少，并且会时常出现各种各样的问题，不仅影响使用，而且花费的金钱也会特别大，所以小编提醒大家平日里一定要注意LED显示屏的维护和保养。

§7—2　LED显示屏保养及日常维护

LED显示屏像传统的电子产品一样，在使用过程中不仅需要注意方法，还需对显示屏进行保养维护，才能使LED显示屏大屏幕寿命更久。LED全彩显示屏大屏幕使用问题的增多，一方面原因是各大生产厂商为了控制生产成本，在产品的做工用料上进行了缩减，从而导致了一些产品的少数配件提前老化而导致的；另一方面的原因则是由于用户不适当的使用习惯而引起的。后者的情况更为普遍，下面一起来盘点维护、保养LED显示屏大屏幕的几种方法。

学习目标

1.掌握LED显示屏保养及日常维护内容和方法；

2.掌握LED显示屏保养及日常保养内容和方法。

一、LED显示屏日常维护内容和方法

1.要进行定期的安检工作

对于一般的LED显示屏安检都是采用"月检查制"，而大型LED电子屏则进行"周检查制"。（1）每月度一次的定期技术人员现场检查，对系统进行检查和保养；（2）对于户外显示屏，因为风、雨、雷、电等自然因素造成的损害，不在保修范围之内。需业主向保险公司投保，由保险公司赔付；（3）维护保养服务期间，一般故障8小时内去解决维修问题，重大事故不超过24小时。维修要更换模块等配件的，不超过24小时。维修完成后，以服务确保大屏不出现模块级以上(如模块偏色、模块黑、一列不亮等)的故障，正常播放；（4）重大活动的保驾，公司技术人员指导并确保现场活动的顺利开展。

2.对显示屏进行清理工作

对于防护等级较低的显示屏，特别是户外屏，空气中的灰尘容易从通风孔进入设备内，会加快造成风扇等设备的磨损甚至损坏。灰尘还可能会落在显示屏内部控制器件的表面，

降低导热和绝缘性能，在遇到潮湿天气时灰尘吸收空气中水分将导致短路；长期还会导致 PCB 板和电子元件的霉变，致使设备的技术性能下降，出现故障。因此，显示屏的清理工作看似简单，但实际上是维护保养工作中很重要的一个步骤环节。

3. 定期进行显示屏连接件的紧固工作

LED 电子屏属于高耗电设备，当运行一段时间后，因多次启停和运行，其中供电部分的接线端子由于冷热会造成松动，接触不牢，形成虚接，严重时会发热，甚至引燃旁边的塑料元件。信号接线端子也会由于环境温度冷热变化松动，湿气侵蚀导致接触不良，随之导致设备故障，因此必须对 LED 电子屏的连接件进行定期紧固。在紧固件调节时，应该用力均匀恰当，确保坚固有效。

4. 定期对显示屏表面清洗工作

LED 电子屏清洗属高空作业，需配备专业清洗队伍。清洗作业采用高空吊绳方式（俗称蜘蛛人）或采用吊栏，配置专业的清洗设备，清洗人员根据屏上不同的污垢选择不同的清洁剂有针对性的清洗，从而确保在不损坏 LED 灯管及面罩的前提下完成显示屏的清洗工作。清洗准备需要注意两点：一、清洗前，需要把电源线拔出来。二、清洁液的选择，清洁液一般包括电解液，高纯度蒸馏水，抗静电液等，要选择品质好的，以便有效的清洁屏幕上的灰尘及其他污渍。具体的清洗维护分为三个步骤：第一步：吸尘。先吸走、扫除显示屏面罩表面的污垢和灰尘。第二步：湿洗。注意不能把洗液直接喷在屏幕上，而是要将少许的清洁液喷在清洁布上，再轻轻顺着同一个方向擦拭。也可以用吸尘器上的软毛刷对灯管面罩进行刷洗，将污垢清刷干净。第三步：烘干。利用吸尘器吸干湿洗后留下的水痕，确保显示屏面罩整洁、无灰尘。

二、LED 显示屏日常保养内容和方法

保持 LED 显示屏大屏幕使用环境的湿度，不要让任何具有湿气性质的东西进入 LED 显示屏大屏幕。对含有湿度的显示屏大屏幕加电，会导致显示屏零部件腐蚀，进而造成永久性损坏。要避免可能碰到的问题，我们可以选择被动防护与主动防护，尽量把可能对全彩显示屏幕造成伤害的物品远离屏幕，而清洁屏幕的时候也尽可能轻轻地擦拭，把伤害的可能性降到最小。LED 全彩显示屏大屏幕与我们用户的关系最为密切，做好清洁维护工作也是非常有必要的。长时间暴露在户外环境风吹、日晒、灰尘等易显脏，一段时间下来，屏幕上肯定是灰尘一片，这需要及时清洗以防尘土长时间包裹表面影响观看效果。要求供电电源稳定，并接地保护良好，在恶劣的自然条件特别是强雷电天气下不要使用。屏体内严禁进水、铁粉等易于导电的金属物。LED 显示屏大屏幕尽量放置在低灰尘的环境，大的灰尘会对显示效果造成影响，同时灰尘过多会对电路造成损害。如果因为各种原因进水，请立即断电并联系维修人员，直至屏体内显示板干燥后方可使用。LED 电子显示屏的开关顺序：A、先开启控制计算机使能正常运行后再开启 LED 显示屏大屏幕；B、先关闭 LED 显示屏，再关闭计算机。播放时不要长时间处于全白色、全红

色、全绿色、全蓝色等全亮画面，以免造成电流过大，电源线发热过大，LED灯损坏，影响显示屏使用寿命。切勿随意拆卸、拼接屏体！建议LED显示屏大屏幕每天休息时间大于2小时，在梅雨季节LED屏大屏幕一个星期至少使用一次。一般每月至少开启屏幕一次，点亮2小时以上。LED显示屏大屏幕表面可以采用酒精进行擦拭，或者使用毛刷、吸尘器进行除尘，不能直接用湿布擦拭。LED显示屏大屏幕需要定期检查是否正常工作，线路有无损坏，如不工作要及时更换，线路有损坏要及时修补或者更换。LED显示屏大屏幕内部线路，非专业人士禁止触碰，以免触电，或者造成线路短路；如果出现问题，请专业人士进行检修。LED显示屏维护保养过程中拆大间距单元板过程如图7-2-1所示，拆小间距高密度单元板要借助专业吸盘工具，如图7-2-2所示。

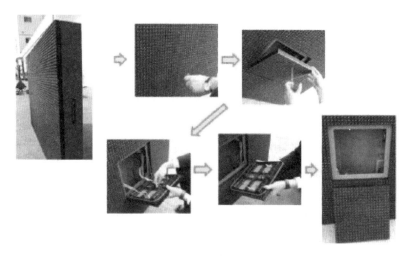

图7-2-1 LED显示屏维护保养过程中拆单元板步骤

图7-2-2 用专业吸盘拆小间距高密度单元板

下面对LED显示屏日常保养和方法进行详细说明：

1. 正确启动和关闭 LED 显示屏

（1）开关顺序： 开屏时，先开机，后开屏。关屏时，先关屏，后关机。(先关计算机不关显示屏，会造成屏体出现高亮点，led 烧毁灯管，后果严重。)

（2）开关屏时间隔时间要大于 5 分钟。

（3）计算机进入工程控制软件后，方可开屏通电。

（4）避免在全白屏幕状态下开屏，因为此时系统的冲击电流较大。

（5）避免在失控状态下开屏，因为此时系统的冲击电流较大。A 计算机没有进入控制软件等程序；B 计算机未通电；C 控制部分电源未打开。

（6）环境温度过高或散热条件不好时，LED 照明应注意不要长时间开屏。

（7）电子显示屏体一部分出现一行非常亮时，应注意及时关屏，在此状态下不宜长时间开屏。

（8）经常出现显示屏的电源开关跳闸，应及时检查屏体或更换电源开关。

（9）定期检查挂接处的牢固情况。如有松动现象，要及时调整，重新加固或更新吊件。

（10）根据大屏幕显示屏体、控制部分所处环境情况，避免虫咬，必要时应放置防鼠药。

2. 随时保持环境干湿度适中

（1）不要让任何具有湿气性质的东西进入你的 LED 显示屏。

（2）发现有雾气，要用软布将轻轻地擦去，然后才能打开电源。

（3）如果湿分已经进入显示屏内部了，就必须将显示器放置到较温暖而干燥的地方，以便让其中的水分和有机化物蒸发掉。

3. 正确操作软件

（1）软件备份：WIN2003、WINXP、应用程序、软件安装程序、数据库等，建议使用"一键还原"软件，操作方便。

（2）熟练掌握安装方法、原始数据恢复、备份。

（3）掌握控制参数的设置、基础数据预置的修改

（4）熟练使用程序、操作与编辑。

（5）定期检查，删除无关的数据。

（6）非专职人员，请勿操作软件系统。

4. 正确对 LED 显示屏进行保养

（1）显示器也要劳逸结合，不要使液晶显示器长时间处于开机状态 (连续 72 小时以上)。

（2）避免硬物磕碰、划伤。

（3）不要使用屏幕保护程序。

（4）定期和正确清理屏幕。

思考与练习

1、影响 LED 显示屏寿命的因素有哪些？

2、LED 显示屏在使用过程中有哪些注意事项？

3、LED 显示屏保养及日常维护的方法有哪些？